子どもに教えるための
プログラミング入門

― Excelではじめる Visual Basic ―

田中 一成●著

本書に掲載されている会社名・製品名は、一般に各社の登録商標または商標です。

本書を発行するにあたって、内容に誤りのないようできる限りの注意を払いましたが、本書の内容を適用した結果生じたこと、また、適用できなかった結果について、著者、出版社とも一切の責任を負いませんのでご了承ください。

本書は、「著作権法」によって、著作権等の権利が保護されている著作物です。本書の複製権・翻訳権・上映権・譲渡権・公衆送信権（送信可能化権を含む）は著作権者が保有しています．本書の全部または一部につき、無断で転載、複写複製、電子的装置への入力等をされると、著作権等の権利侵害となる場合があります。また、代行業者等の第三者によるスキャンやデジタル化は、たとえ個人や家庭内での利用であっても著作権法上認められておりませんので、ご注意ください。

本書の無断複写は、著作権法上の制限事項を除き、禁じられています。本書の複写複製を希望される場合は、そのつど事前に下記へ連絡して許諾を得てください。

(社)出版者著作権管理機構
（電話 03-3513-6969, FAX 03-3513-6979, e-mail：info@jcopy.or.jp）

JCOPY ＜(社)出版者著作権管理機構 委託出版物＞

はじめに

　今日、パソコンが多くの人々の仕事や趣味に使われています。ある人はインターネットを検索し、ある人はワープロで年賀状を作り、またある人はデジカメの写真を編集してブログに投稿しています。もはや、パソコンはパーソナル（個人の）コンピューター（計算機）の略語ではなく、パソコンという便利な電化製品の一種という方向に意識が変化しつつあるのではないかと思われます。

　このようなパソコンの便利な機能を支えているアプリケーションソフト（単に「ソフト」ともいいます）の後ろでは、多くのプログラマが開発したプログラムが働いています。ソフトの開発作業をプロに任せることで、人々はパソコンがコンピューターであることを特に意識することなく、以前は一部の人だけが独占していた便利なコンピューターを自由に利用できるようになりました。このこと自体はよいことですが、パソコンでゲームやインターネットなどを楽しむことが自由にできるようになった代わりに、コンピューターそのものを楽しむ機会が減ったように思います。

　私も、以前は必要に応じて平均値や標準偏差などの統計処理をするプログラムなどを自作して利用していましたが、現在では Microsoft Office の Excel を使ってたいていの計算や分析処理ができてしまいます。ソフトを使えばデータの統計処理をしてグラフを作り、レポートに貼り付け、発表スライドを作成することがわけもなく一瞬でできてしまいます。無理に自作のプログラムを作ってまで使うような場面はまずありません。さらにパソコンの機能が進歩したことでソフトの開発環境が複雑化し、一般の人たちの手が届かなくなったこともあり、私もプログラムの自作からは次第に離れてしまいました。

　そんなあるときのこと、子どもの宿題を Excel で解いてみせようとしてどうしてもできない問題がありました。先生が意識していたのかどうかわかりませんが、とっさに Excel での計算方法が思い付かなかったのです。ところが頭の中では解法のプログラムができていました。何とももどかしい状況でしたが、子どもの手前引っ込みもつかず、最終的に Basic エミュレーターを Windows パソコンにインストールし、無事に答えを出すことができたという珍事（？）が発生しました（この問題については「最終日」で紹介しています）。

　このとき、久しぶりに Basic でプログラムを作ったのですが、楽しくなって、ほかにも昔作ったプログラムを思い出しては現在のパソコンで動かしてみました。これをきっかけに、数十年前のマイコン少年に戻ってパソコンのプログラミングを手段ではなく目的として楽しむことを始めてみました。幸いなことに、Microsoft 社は Excel や Word、PowerPoint にまで Basic (VBA: Visual Basic for Applications) が使える環境を現在も提供しています（本書は VBA の機能

はじめに

の、Basic の範囲を中心に解説します）。しかも、パワーアップしたパソコンは驚くべきスピードでプログラムを実行してしまいます。現在この原稿を書くのにワープロソフトの Word を使っていますが、試しにこの Word に組み込まれている VBA を使ってみたところ本書のほとんどのプログラムが動いてしまいました。

つまり、Excel などがインストールされている Windows パソコンには、Basic が使える環境が準備されていますが、多くのユーザーはそのことを知らないまま、パソコンを使っています。これを使わないのはたいへんもったいないことだといえるでしょう。VBA は入口にちょっとした敷居があるのですが、最初のお作法さえクリアすれば簡単にプログラミングを楽しめますので、ぜひ一度は試してもらいたいと思います。

ところで昨今、政府の成長戦略において人材確保の施策として論理的思考力などの育成を目的として、小中学校でのプログラミング教育の必修化が盛り込まれたことが話題となっています。

■成長戦略（平成28年6月2日閣議決定）のポイント

成長戦略	第4次産業革命	政府の司令塔となる「官民会議」を設置
		スマート工場やビッグデータ活用の推進
	健康立国	ロボットを活用した介護負担の軽減
	環境・エネルギー	燃料電池車の本格的な普及
	人材確保	小中学校でのプログラミング教育の必修化
		高度な技能を持つ外国人の定住促進

すでにイギリスやアメリカ、インドなど23の国と地域のほとんどで初等教育からプログラミング教育が行われていることを受け、我が国でも遅まきながらプログラミング教育の必修化が始まろうとしています。このような政府の方針については「子どもにプログラムを教えてどうする？」「日本人の全員がプログラマになるわけではない」といった類の批判もあるようですが、決して悪いことではないと私は考えています。

その理由として3つのことがあげられます。昔は「読み書きソロバン」といっていましたが、現在はソロバンのようにコンピューターを使うことは先進国も含め、世界中の人々にとってもはや当たり前となっています。このような状況において、コンピューターが単に便利な機械としてではなく、どのような機械なのかをプログラミングを通じて知っておくことは、将来、機械に使われるのではなく機械を使う立場になるためには必須の知識であるというのが最初の理由です。私の大学時代の恩師は「コンピューターは大馬鹿者だからコンピューターのマネをするような人間になるな」とよく言っていました。実際に、プログラムを自分で作ってみると、コンピューターの出す結果がどれだけ危ういものかということがわかります。「コンピューターは使っても使われるな」ということを教育の中でしっかりと教えるべきです。

もう1つの理由は、諸外国でプログラミング教育を取り入れている理由と同じで、論理的思

はじめに

考や創造性、協調性、コミュニケーション力を養い、日常生活やほかの学習へ応用していくことができるからです。「プログラムを学ぶとどうしてそんなことができるのか」と思われるかもしれませんが、ある作業をコンピューターに処理させるプログラムを作ろうと思えば、その作業の内容を整理・分析し、処理のための方法や手順を順序立てて正確に第三者に伝えることが必要になります。現代風にいえば「段取り力」を鍛えることになるわけで、問題解決能力の育成にも役立つでしょう。

さらに、学習の先取り効果も期待できます。本書で取り上げたプログラムの例題では、関数、ベクトル、座標、行列といったものを使って処理を行っていますが、これらを学校で習っていないからといってプログラムが作れないわけではありません。むしろ、プログラムを作る過程で、子どもたちは先に使い方を覚えてしまい、将来、そういうことだったのかと学校で思い出すことになるでしょう。プログラミングに限らず、ほかの教育内容でも同じだと思いますが、大切なことは子どもを子ども扱いしないことです。最初から難しいことはできないと、大人が勝手に子どもの可能性を決めつけるのはよいことではありません。

たとえば、ベクトルを使うと画面上に直線を簡単に引けますが、以前であれば子どもたちがベクトルという概念を日常生活で具体的に使うような場面はなかったでしょう。これが、プログラミングができる環境を与えることで「習うより慣れろ」と便利なものを理屈抜きに使えるようになるわけです。原理はともかく、ベクトルの使い方を知っている子どもたちが、将来学校でベクトルを体系的に学ぶ際に学習効果が上がるであろうことは、容易に想像できます。ExcelやWordが使える環境があれば、新たな投資をまったく必要とせず、子どもたちにBasicが使える環境を与えることができます。ぜひ、子どもたちにパソコンを触らせてあげてください。

以上、理屈を長々と述べてきましたが、一言「プログラミングは楽しい」、もうこれだけで十分だと思います。その楽しさを子どもたちにだけ独占させないで親御さんや先生方も一緒に楽しんでしまおうというのが本書の目的です。そして、プログラムを楽しんだあとは、ぜひ子どもにその楽しさ（プログラミング）を教えてあげてください。もちろん高校生や中学生、小学生でもこの本を読み、プログラムで遊んでも一向にかまいません。先取り学習で少し解説が必要なときは、お父さんやお母さんが手伝ってあげてください。

不思議なことですが、私の経験では、何かのためにやったことは役に立たず、何の役にも立たないけれど楽しんだことは後々役に立ったことが意外と多いのです。そういったことをBasicのプログラミングを通じて1人でも多くの読者に感じてもらえれば著者として望外の幸せです。

2016年10月

田中　一成

目　次

はじめに iii

第 0 日　何を今さら Basic ？ 001

第 1 日　Visual Basic を呼び出す「おまじない」 005
 1-1　Excel の状態を確認する 006
 1-2　リボンを設定する 007
 1-3　マクロのセキュリティの確認 012
 1-4　変数の宣言を強制する 014

第 2 日　コンピューターと会話する（入力と出力）............................. 019
 2-1　プログラムを作る準備 019
 2-2　入力と出力をするプログラム 023
 2-3　プログラムを動かす 025
 2-4　プログラムには何が書いてある？ 028
 2-5　プログラムを覚えるコツ 029
 2-6　メッセージを表示させる 030
 2-7　オウム返しプログラムの完成と保存 032

第 3 日　変数を使う 035
 3-1　第 2 日の宿題の確認 035
 3-2　Dim の謎 036
 3-3　バグの正体 037
 3-4　a の変数型を修正する 037
 3-5　変数の型 039

第4日　計算する（四則演算と関数） 041
4-1　VBAで四則演算をするプログラム 041
4-2　割り算の問題 044
4-3　Int関数を使った計算結果の出力の工夫（その1）.......................................045
4-4　Int関数を使った計算結果の出力の工夫（その2）.......................................047
4-5　その他の関数 049
4-6　文字列型の変数について（参考）...051

第5日　判断をさせてみる（条件分岐） 053
5-1　解の公式を使うプログラム 053
5-2　二次方程式プログラムのエラーの原因 055
5-3　条件分岐を使ったエラーの修正 056
5-4　条件分岐の使い方1（条件式の書き方）...058
5-5　条件分岐の使い方2（Ifブロックの考え方）..060
5-6　二次方程式プログラムの完成 062

第6日　繰り返し計算をさせてみる（ループ） 065
6-1　ある数までの総和を求めるプログラム（For-Nextループ）.........................065
6-2　数値積分による円周率πの計算プログラム（For-Nextループ）..................067
6-3　数値積分による円周率πの計算プログラム（While-Wendループ）............073
6-4　平方根の計算（ニュートン法）...074

第7日　一次元の配列を使う 079
7-1　配列とは？...079
7-2　素数を求めるプログラム（For-Nextループで作る）...................................082
7-3　素数を求めるプログラム（While-Wendループで作る）..............................086
7-4　実行時間の測定 088

第8日　Excelデータの利用（二次元の配列） 091
8-1　連立方程式の解き方 091
8-2　連立方程式を作る 093
8-3　For-Nextループのネスティング...096
8-4　スプレッドシートへのアクセス 098

目次

   8-5 連立方程式を解くプログラム 102

第9日　簡易グラフィックを使う 109
   9-1 Excel のグラフ作成機能の利用 109
   9-2 スプレッドシートへのアクセスを応用したグラフィックの原理 111
   9-3 簡易グラフィックの準備 114
   9-4 簡易グラフィックの準備プログラムの内容 118
   9-5 サブルーチンの使い方 120
   9-6 点を描き、線を引くサブルーチン 126
   9-7 円を描く（線画）のサブルーチン 128
   9-8 円を描く（塗りつぶし）のサブルーチン 131
   9-9 簡易グラフィック用のシードプログラムの完成 133

第10日　さまざまなグラフィック 137
   10-1 モワレ模様 137
   10-2 シャボン玉 139
   10-3 Sin カーブ 141
   10-4 回転の公式 143
   10-5 3D グラフ（その1） 147
   10-6 3D グラフ（その2） 157
   10-7 コッホ曲線 160

最終日　Excel では計算できない？ 169

付　録 175
   付録1　プログラムの構造と動かし方－プログラムの入力方法など 175
   付録2　プログラムを読めるけど書けない人のために 179
   付録3　簡易グラフィックの代替方法 182
   付録4　スプレッドシートからプログラムを呼び出す方法 187
   付録5　標準モジュールのエクスポートファイルの使い方 192

   あとがき 194

   索　引 195

Help Desk!!

Excel 2003 ではどうやって VBA を使いますか？	017
エラーが出てプログラムが入力できません！	024
実行したらエラーが出ました！	026
日本語をうまく入力する方法はないですか？	030
上書き保存しかできません！	033
プログラムの入力ウィンドウがなくなりました！	043
数式でエラーが出ますがバグが見つかりません！	056
プログラムの入力がたいへんです！	058
実行したらパソコンが動かなくなりました！	069
エラーが出ますがやっぱりバグが見つかりません！	085
「応答なし」と表示され、フリーズしてしまいます！	168

COLUMN

通訳と翻訳	018
小さなともだち	034
プログラムと将棋	078
VBA の速度	090
「ハノイの塔」を解く不思議なプログラム	107

【ダウンロードファイルご利用の際の注意事項】

- 本書のメニュー表示などは、Excelのバージョン、モニターの解像度などにより、お使いのPCとは異なる場合があります。
- 本書内で紹介している全てのExcel VBAのプログラムを、「コメント付きプログラム集」として、下記オーム社ホームページ［書籍連動／ダウンロードサービス］にて圧縮ファイル（zip形式）で提供しています。
    http://www.ohmsha.co.jp/data/link/978-4-274-21985-6/
- また、「最終日」で出題した「宿題プログラム」の解答も、上記圧縮ファイル内にありますのでご参照ください。
- 本ファイルは、本書をお買い求めになった方のみがご利用いただけます。本ファイルの著作権は、本書の著作者である、田中一成氏に帰属します。
- 本ファイルを利用したことによる直接あるいは間接的な損害に関して、著作者およびオーム社はいっさいの責任を負いかねます。利用は利用者個人の責任において行ってください。

第0日

何を今さら Basic ？

　Basic というのはプログラミング言語の 1 つです。Basic（基本的）という言葉そのままの意味もありますが、こじつけ的に「Beginner's All-purpose Symbolic Instruction Code」の頭文字を並べたものとされていて、これを訳すと「初心者用汎用記号化命令コード」ということになります。確かに、基本的で初心者用という看板に偽りがないことは皆が認めるところでしょう。

　Basic は、元々は 1964 年に、大型コンピューターで当時使われていた Fortran をベースに米国ダートマス大学でコンピューター教育用の言語として開発されたものでした。1970 年代にマイコンの普及が始まると、小型のマイコンでも使える Basic が搭載されるようになり、マイコンの標準的プログラミング言語としての地位を確立しました。

　マイコンの能力は大型コンピューターには及ばないものの、自由にコンピューターを使うことができる環境を手に入れた人々は、プログラムを楽しむことができるようになりました。私もマイコン少年の一人で、ようやく手に入れた apple][（1977 年に発表された Apple II のこと、実際の筐体にはこのように表記されていた）を使って夢中でプログラムを楽しみました。プログラムのネタは数学や物理学の教科書や参考書にいくらでもあったのです。

■著者の使っていた Apple コンピューター、iPhone や Macintosh のご先祖様？

第0日　何を今さらBasic？

　当時のBasicはコンピューターの能力が貧弱であったこともあり、処理速度が遅いという致命的な欠点がありました。一方で、エラーが起こるとエラーメッセージを出して、エラーの起こった場所で止まってくれます。このような特徴を生かし、Basicでは実際にプログラムを動かしながら、エラーを出しては修正、エラーを出しては修正…と、これを繰り返して正しいプログラムを作ります。その姿が、あたかもコンピューターと人間が話をしながら共同作業を進めているように見えることから「会話系言語」と呼ばれました。

　インターネットが当たり前の現在のように、手取り足取りのプログラミングの学習環境がない時代ではありましたが、独学でも簡単にプログラムを覚えることができたのは、ユーザーフレンドリーなBasicのおかげだと思います。

　その後のコンピューター言語の歴史の中では、いくつかの理由もあってBasicは開発系プログラミング言語として必ずしも主流ではありません。しかし、現在でもMicrosoft社のアプリケーションであるExcelやWordなどには、マクロ機能としてVisual Basicが組み込まれています。また、高度な機能を持つアプリケーションの開発にも、Visual Basicが使われています。理工系の大学では、カリキュラムでVisual Basicを使って実験結果などの処理ができるようになることが必修とされているところもあるようです。

　今日の主流となるプログラミング言語は、C言語やJavaの系統です。せっかく覚えるのであれば、Basicよりもこれらの方が役立つかもしれません。これらのプログラミング言語はパソコンの機能を最大限に引き出したり、過去に開発したプログラムの資産を再利用したり、あるいは複数のプログラマやシステムエンジニア（SE）が分担して複雑なコンピューターシステムを構築するのに適しているからです。ですが、初心者にとっては細かな作法が厳しいので、わかりやすさという点では多少敷居が高いように感じます。単純にプログラムそのものを楽しむだけであれば、ユーザーフレンドリーなBasicを選ぶことはそんなに悪い選択ではないでしょう。

　平成26年に実施された文部科学省の「諸外国におけるプログラミング教育に関する調査研究」でも、インドや中国などの国では初等教育の段階でBasicを使い、学年が進むにつれてC言語やJavaに進んでいるようです。Basicに限らず、最初は習得しやすいプログラミング言語でプログラミングの基礎を固め、その後、高度なプログラミング言語を覚えても決して遅くはありません。Visual Basicに関しては、以前のBasicから格段の機能強化が図られていて、強力な開発言語として利用することが可能となっています。

　本書は、Visual Basicの性能のほんの一部を使って、Basicのプログラミングそのものを楽しみながら学んでみようという方々が、最初の第一歩を踏み出すお手伝いをするために書かれた入門書です。そのため、Basicのソースコードを書いて実行する以外の、Visual Basicを使う環境として拡張された機能や、Excelに特化した使い方についてはほとんど説明していません。パワーユーザーからは「正確には違う」という批判を受けそうな箇所がいくつもあります。ですが、すべてを書き尽くして正確性を期そうとすればするほど、逆に素人にはわかりにくくなることも世の中にはあります。完璧な説明よりも、適当にはしょって誤魔化している部分がある

ことについては、先にも述べた本書の目的を理解のうえで容赦を願いたいと思います。

　Microsoft社のアプリケーションであれば、Visual Basicがたいてい使えます。その中から本書でExcel用のVisual Basicを選んだのは、数値計算の結果をグラフ化したり、スプレッドシートから数値をまとめて入力する、あるいは逆に計算結果をスプレッドシートに出力するのが便利なためです。

　Excelを使って簡単な表計算ができる方であれば、中学校や高校で学んだ数学の問題もVisual Basicを使って楽しみながらプログラミングをすることができます。また、その過程を通じてきっとプログラミングそのものが楽しいと気付いていただけることと思います。昔、Basicを使っていたのに今は離れてしまった方にも、身近なExcelでここまでBasicが使えるのかと、「昔取った杵柄」を生かしてもらえるのではないかとも思います。なお、Excelについても可能な限り必要に応じて説明をしていますが、不明な点についてはExcelの参考書を参照してください。

　それと1つ大事な約束ですが、あくまでも本書の目的は個人の楽しみの範囲内でBasicを使うことに限っています。したがって、職場で自作のプログラムを使って業務に使おうとする場合には、Visual Basicに関する他の解説書などでしっかり学習してください。また、科学技術に関する論文においては、統計処理に自作ソフトを使うと受け付けてもらえなくなっていますので、注意してください。

　何はともあれ、Excelの使えるパソコンを持ってVisual Basicの世界に入ってみましょう。

第1日

Visual Basic を呼び出す「おまじない」

　この本を手にされたあなたのパソコンでは Excel が使えると思いますが、Excel には Visual Basic が組み込まれています。これは Excel の機能を何倍にも増幅して利用できる特別なものなので、Visual Basic for Applications、つまり「(Excel という) アプリケーションのための Visual Basic」と呼ばれます。この本でもこれからは VBA と呼ぶことにします。

　ちなみに Excel の仲間の Word、PowerPoint そして Outlook といった Microsoft 系のアプリケーションにも、それぞれの機能を便利に使うために特化した Visual Basic が組み込まれています。同じように VBA と呼ばれていますが、本書では Excel を使うことを前提にしていますので、本書で VBA といえば Excel 用の VBA を指しているものと考えてください。

　さて、仕事で Excel を使いこなしている方でも、VBA のプログラムまで自作して利用されている方は少数派ではないでしょうか。ましてや、簡単な表やグラフを作る、時々レポートを書くのに使うという方では、VBA を使う機会はほとんどなかったのではないかと思います。

　そのためでしょうか、パソコンが工場から出荷されたときの状態や、Excel がインストールされたままの初期状態（デフォルト状態といいます）では、VBA が封印されていて使えなくなっています。

　そこで、まず最初にあなたの Excel で VBA が使えるようにします。その過程で「どうしてそんなことをするのか」という詳しい説明をすることは、本書の目的を超えてしまいますので、省略します。封印を解いて VBA を呼び出すための魔法の「おまじない」と思って以下の手順どおりに Excel の設定を変更してください。

　また、パソコンの使い方を覚えるには、操作などの説明を読むだけでは効果が上がりません。あなたのパソコンで一つひとつ説明に書いてあることを実際に実行して、何が起こるのかを確認しながら読み進めることをお勧めします。

第1日 Visual Basic を呼び出す「おまじない」

1-1 Excel の状態を確認する

　まず Excel を起動し、最初に表示される画面を見てください。最上段(「リボン」といいます)に「ファイル」「ホーム」「挿入」…と言葉が並んでいます。デフォルト状態では図に示すようにこの中に「開発」という言葉が入っていません。VBA を使うにはリボンに「開発」という項目が入っている状態になっている必要がありますので、1-2 節以降の作業をしてください。

　もしかすると、あなたの Excel では誰かがすでに「おまじない」をしてくれていて、「開発」が表示されているかもしれません。ですが、「開発」が表示してあっても別の設定が必要なこともありますし、いくつか状態を確認してもらう必要もありますので、このまま読み進んでください。

(Windows 10/Excel 2016 の場合)

　以下の説明では、主に Excel 2010 の画面を掲載していますが、Excel 2013 以降では一部見え方が変わっていますので、その場合には Excel 2016 の画面も掲載しています。

1-2　リボンを設定する

Excel 2010 以降の場合

リボンの左端にある「ファイル」という項目をクリックしてください。

(Windows 10/Excel 2016 の場合)

　ファイルなどに関する機能が縦に並んで表示されます。ここから「オプション」を探してクリックしてください。この操作を**「ファイル」のプルダウンメニューから「オプション」を選択**と表現します。これからもこの表現を時々使いますので覚えておいてください。

　「オプション」を選択すると「Excel のオプション」ウィンドウが開きますので、左の欄にある「リボンのユーザー設定」をクリックします。

第1日　Visual Basic を呼び出す「おまじない」

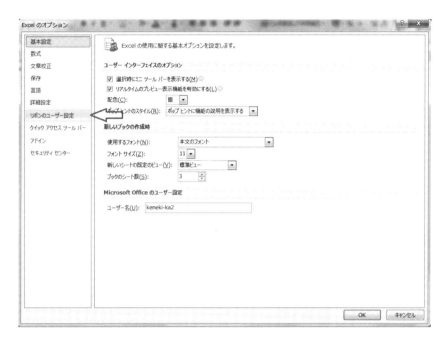

すると、右の欄が「リボンをカスタマイズします。」の画面になります。

　右の「メインタブ」の項目から「開発」を見つけてください。デフォルト状態では、矢印で示したように「開発」のチェックボックスが空欄になっているはずですので、ここをクリックしてチェックを入れます。

1-2 リボンを設定する

すでにリボンに「開発」が表示されている場合は、ここにチェックが入っていると思いますので確認しておいてください。

次に、左の欄にある「数式」をクリックします。

第1日　Visual Basic を呼び出す「おまじない」

「数式の処理」の「R1C1 参照形式を使用する (R)」の**チェックボックスが空欄になっているのを確認してください**。デフォルト状態では空欄のはずですが、**万が一チェックが入っていたらクリックして外して**おいてください。

以上が終了したら「OK」をクリックしてください。これでリボンに「開発」が表示されていればリボンの設定は成功です。

(Windows 10/Excel 2016 の場合)

万一、表示されていなかった場合ですが、「開発」のチェックボックスにチェックを入れて「OK」ではなく「キャンセル」を間違えてクリックしてしまった可能性があります。もう一度最初からやり直してみてください。

Excel 2007 の場合

左上の Office ボタンをクリックして、メニューを出します。

下にある「Excel のオプション」をクリックします。

1-2 リボンを設定する

「Excel のオプション」ウィンドウが開きますので、左の欄の「基本設定」をクリックします。

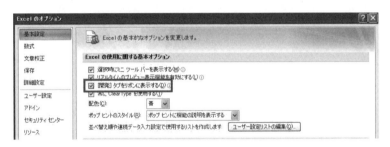

右の欄の「Excel の使用に関する基本オプション」で、「[開発] タブをリボンに表示する (D)」にチェックを入れてください。

次に左の欄にある「数式」をクリックし、右の欄の「数式の処理」で「R1C1 参照形式を使用する (R)」にチェックが入っていないことを確認します(「Excel 2010 以降の場合」の説明を参照してください)。

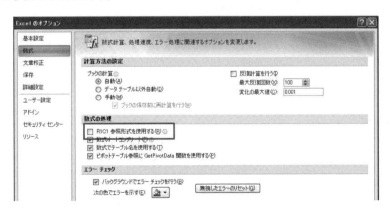

第1日 Visual Basic を呼び出す「おまじない」

1-3 マクロのセキュリティの確認

これからは Excel 2010 以降と Excel 2007 で共通です。これまでの設定により、リボンに出現した「開発」をクリックしてください。

(Windows 10/Excel 2016 の場合)

するとウィンドウの左上に「Visual Basic」という言葉がようやく姿を現しました。思わずクリックしたくなりますが、ここではあせる気持ちを抑えて、「マクロのセキュリティ」をクリックします。

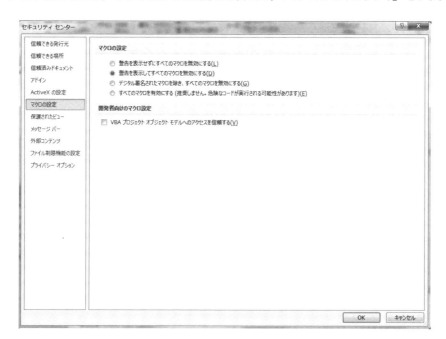

1-3 マクロのセキュリティの確認

「セキュリティセンター」が開き、「マクロの設定」が表示されます。デフォルトの状態では**「警告を表示してすべてのマクロを無効にする(D)」にチェックが入っているのを確認**してください。

ほかのVBAの解説書では「すべてのマクロを有効にする」にチェックを入れることを勧めているものがありますが、警告文に「推奨しません。危険なコードが実行される可能性があります」とあるとおり、私としては**デフォルト状態の設定のままにしておくのが無難**だと思います。

では、セキュリティを「警告を表示してすべてのマクロを無効にする」状態にした場合ですが、何がどうなるのでしょうか。VBAでプログラムしたExcelファイルを保存しておいて次に開くと、リボンの下に「セキュリティの警告　マクロが無効にされました。」と表示されます。

この警告文が出てもあせる必要はありません。同じ場所に表示されている「コンテンツの有効化」をクリックするだけでVBAが使えます。毎回警告が出てきてわずらわしいのですが、ウイルスなど悪意のあるプログラムからパソコンを守るためにはデフォルトの状態にしておくのがよいでしょう。

なお、自分で作ったVBAを含んだExcelファイルだとわかっているときは、すぐに「コンテンツの有効化」をクリックしてセキュリティを解除してもよいですが、メールに添付してあるExcelファイルなどの場合は、よく確認をしてから解除するようにしましょう。

また、Excelのバージョンによっては、インターネットからダウンロードしたExcelファイルを初めて開く際には警告（保護ビュー）が表示されます。リボンの下に表示される「編集を有効にする」をクリックしてください。「保護ビューのままにしておくことをお勧めします」と表示されますが、データの書き換えなどが必要となる場合もありますので、編集可能にして利用してください。

013

第1日 Visual Basicを呼び出す「おまじない」

なお、本書で作成するExcelファイルはオーム社のWebサイトからダウンロードできます（URLを目次末尾に記載）。使い方については付録1を参照してください。

さて、「マクロの設定」の確認が終わったら、いよいよお待ちかねの「Visual Basic」をクリックしてみましょう。

1-4 変数の宣言を強制する

「変数」？「宣言」？　そして「強制する」？　何やら怖そうな単語が並んでいます。でも、今は理解する必要はまったくありません。最後の「おまじない」を唱えましょう。

いよいよウィンドウの左にある「Visual Basic」をクリックします。

すると、「Microsoft Visual Basic for Applications - Book1」（「Book1」の部分はファイル名なので違うこともあります）というウィンドウが開きます。これを **Visual Basic Editor** といいます。

1-4 変数の宣言を強制する

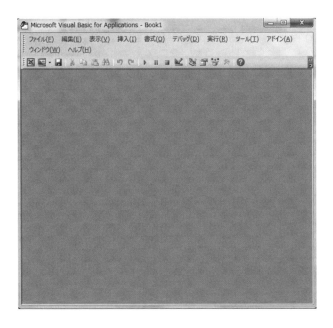

このウィンドウのリボンにある「ツール (T)」のプルダウンメニューから「オプション (O)」を選択してください。

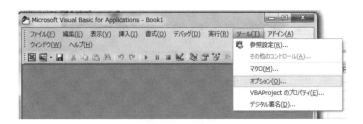

「オプション」ウィンドウの「編集」にある「変数の宣言を強制する (R)」というチェックボックスが、デフォルト状態ではチェックが入っていません。

第1日 Visual Basic を呼び出す「おまじない」

ここにチェックをいれて「OK」をクリックします。Visual Basic Editor は終了させてください。

何が起こっているのかわからないことばかりですが、これで「おまじない」はすべて終了です。見た目にはほとんど同じなのですが、これであなたの Excel で VBA が使えるようになりました。

第 2 日から VBA のプログラムの世界を楽しむことにしましょう。

Excel 2003 ではどうやって VBA を使いますか？

　ここはヘルプデスク（Help Desk）のコーナーです。本書を読んでいるときに困ったことが起こった場合に読んでみてください。解決方法を見つけることができるかもしれません。

　本書は Office 2007 以降のバージョンの Excel に対応していますので、2003 以前の VBA の説明は省略しています。お使いの Excel で VBA が使えるかどうかを知るには、Excel を起動し Alt キーと F11 キーを同時に押してみてください。本文にある「Microsoft Visual Basic for Applications」のウィンドウが開けば 2007 とほぼ同様に使えます（少なくとも第 8 章までは）。
　ウィンドウが開かない場合は、F1 キーでヘルプ画面を呼び出して、検索キーワードに「Basic」と書いて検索し、「マクロ言語のサポートが無効になっている」場合の対処方法を参照してください。

第1日　Visual Basicを呼び出す「おまじない」

COLUMN

通訳と翻訳

　違う言語を使う人と人との間でコミュニケーションをとる手段として、通訳と翻訳の2つの方法があります。これと同様に人間とコンピューターとの間のコミュニケーションにもインタプリター（通訳）とコンパイラー（翻訳）の2つの方式があります。

　プログラムはソースコードとも呼ばれますが、そのままではコンピューターは理解できません。そこで、インタプリターやコンパイラーがコンピューターに理解できる機械語に訳します。その際、インタプリターはソースコードを1行ずつ機械語に訳すのに対し、コンパイラーはすべてを一気に機械語に訳します。人間でも通訳は人が話した内容を適当に区切って訳し相手側に伝えますし、翻訳は本1冊分をまとめて訳してしまいます。両方の方法があるということは、それぞれに長所、短所があり、一方だけではうまくいかないことがあることを示しています。

　インタプリターはソースコードを1行単位で訳しますので、繰り返し処理に入ると同じ処理の内容であっても毎回訳さないといけません。機械語に訳す作業はコンピューターの負担になりますので、結果として処理時間が余計にかかることになります。インタプリターの処理速度が遅い原因はこれです。また、インタプリターがインストールされているコンピューターでないと、プログラムを実行できません。いくら便利なソフトができても、それを開発したインタプリターが普及していないと、多くの人々が使うことができません。

　インタプリターにはこのような欠点がある一方で、プログラムの実行中にエラーが発生するとコンピューターはそこで止まるので、どうしてエラーになったかをその場で調べることができます。また、プログラムを入力すれば、直ちに実行できることも、修正を容易にしています。

　一方、コンパイラーはソースコードを一気に訳して実行形式と呼ばれるファイルにしてしまいますので、実行時に繰り返し処理をしてもそのたびに機械語に訳すための時間は不要です。処理速度に関してはコンパイラーの方が圧倒的に有利になります。また、コンピューターがそのまま実行できる機械語になっていますので、コンパイラーがインストールされていないコンピューターでもプログラムを動かすことができます。また、一度実行形式となったファイルは元のソースコードがどんなものであったかを調べにくいので、開発した企業やエンジニアのノウハウが漏れにくく、知的財産の保護という観点からも好ましいとされています。

　その反面、コンパイラーでは、実行形式のファイルを作る際にソースコードを訳した後にリンクという作業により、ライブラリから関数やサブルーチンなどを取り出して結合させる必要があり、即座に実行というわけにはいきません。また、翻訳自体もエラーがあれば止まってしまい、修正が求められますので、ソースコード自体の完成度が高いことが要求されます。実行時に発生したエラーの修正も、すでに実行形式になっていますので容易ではありません。人間の翻訳も本が出版された後に誤訳が見つかると、修正は容易ではありません。

　今日では、このようなインタプリターやコンパイラーの短所を補うような技術も開発されていますので、どちらも使いやすくなってはいますが、本質的な違いを克服するには至っていないように思います。

　いずれにせよ、コンピューターの性能が向上して処理速度が速くなったこともあり、インタプリターとしてのBasic（VBAも含め）の欠点も相当に補われています。したがって、Basicが初心者向きの言語ということには、この先も特に変わりはないでしょう。また、VBAのように機能が充実して、開発系言語としても使われるようになっています。

第2日

コンピューターと会話する（入力と出力）

とりあえず Excel の設定は終了し、VBA が使えるようになりました。だからといって、パソコンが突然何かを勝手に始めたようには見えません。あくまでも、パソコンはあなたがしたいことを代行する機械ですので、あなた自身が何をするのかをパソコンに指示しない限り何もしません。実はこの指示がプログラムなのです。

随分と面倒な相手のようですが、一度プログラムを教え込めば、パソコンは疲れることなく正確に仕事でも遊びでも文句も言わずにやってくれます。

「何をやらせようか？」とワクワクしてきますが、まずはプログラムを使ってコンピューターにものを伝える方法（入力）とコンピューターからものを聞く方法（出力）とを覚えましょう。つまり、コンピューターと会話する方法を覚えます。

「えっ、そんなことから始めるの？」と驚かれるかもしれませんが、人間でも会話ができない相手とは一緒に仕事も遊びもできません。何事も最初が肝心です。

 ## 2-1　プログラムを作る準備

「また準備ですか？」と思われるかもしれませんが、これまではあなたの Excel を VBA が使えるようにするための設定でした。もう同じことを繰り返す必要はありません。これからの準備は、新しくプログラムを作るための手順です。新しくプログラムを作るたびに毎回行うものです。なお、第 2 日以降は、本文を一読してから、パソコンを実際に動かして読み返してみるのがよいと思います。

新しく Excel を起動した状態からスタートします。第 1 日からの続きで「1-4　変数の宣言を強制する」まで終わっている場合は、そのまま続けることができます（設定が終わっていない場合は設定してから読み進めてください）。

最初にリボンの「開発」をクリックし、出てきた「Visual Basic」をクリックして Visual Basic Editor のウィンドウを開いてください（この操作は設定するときにやっていますね）。

ここからが新しい操作になります。このウィンドウのリボンにある「挿入(I)」のプルダウンメニューから「標準モジュール(M)」を選択します。

第2日 コンピューターと会話する（入力と出力）

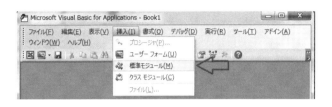

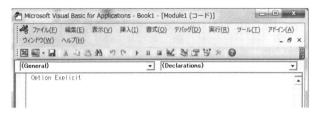

　リボンの下にある空の欄に「**(General)**」だとか「**(Declarations)**」とか **Option Explicit** だとか現れました。今の段階では気にせずに、緑の右矢印をクリックする。あるいは、リボンの「実行(R)」のプルダウンメニューから「Sub/ユーザーフォームの実行　F5」を選択します（どちらも同じ機能です）。

2-1 プログラムを作る準備

しかし、この段階ではプログラムはまだ作っていないので、実行といっても何を実行するのでしょう？ 悩むのはパソコンも一緒です。悩んだパソコンは「実行するプログラムがないので、ちゃんと入れてよ！」とプログラムの入力を要求してきます。

「マクロ名（M):」の下の欄で縦の線（**Iバー**といいます）が点滅（**プロンプト**といいます）しています。ワープロや表計算などでお馴染みだと思いますが、これは人間側に入力を促しているサインで、**カーソル**といいます。ここに「マクロ名」を要求しているわけですが、マクロ名って何でしょう？

VBAでは**マクロ**という言葉を使いますが、当面はプログラムと同じものと考えてもらって結構です。VBAでは最初にプログラムに名前を付けることになっています。ここでは`Prog_01`という名前にしますので、「Prog_O1」とマクロ名（プログラム名）を打ち込んで**Enterキーを押します**。

プログラム名については、ほとんど制限はないのでわかりやすい名前を適当に付ければよいのですが、本書のダウンロード版のプログラムには章の番号とその日に出てきた順番を使って名前を付けています。詳細は付録1を参照してください。

第2日　コンピューターと会話する（入力と出力）

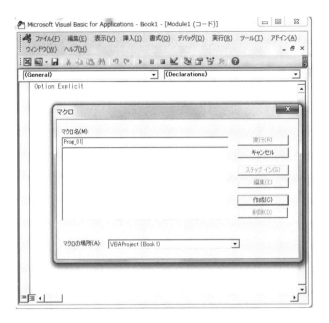

プログラム名を入れるとパソコンはプログラムを書き込む場所を準備をしてくれます。

次の3行が自動的に挿入されました。

```
Sub Prog_01()

End Sub
```

「さあ準備できたよ」と、**Sub Prog_01()** の次の行でカーソルが点滅しています。これでプログラムを作る準備が整いました。これからここにVBAのプログラムを作っていくことになります。

2-2　入力と出力をするプログラム

　プログラムを作る前に少し入力と出力について整理をしておきます。
　本日のはじめに「あなた自身が何をするのかをパソコンに指示しない限り何もしません。実はこの指示がプログラムなのです」と書きましたが、プログラムとは「パソコンに情報を与えてあらかじめ定められた処理をさせ、その結果を受け取るための一連の手続きを教え込むこと」でもあります。
　例え話で説明すると、シューティング系のコンピューターゲームを思い出してください。ゲームでは十字キーでビーム砲の照準を合わせ、ボタンでビームを発射させます。やっていることは、照準の方向についての情報を十字キーで、発射タイミングの情報をボタンでコンピューターに与えているわけです。これらの情報を与えると、ゲーム画面（ディスプレイ）にはビームの軌跡が出現し、当たれば爆発の絵が出て、増えたスコアが表示されます。これは、コンピューターが処理した結果を、画面を通じてゲーマー（人間）が受け取っていることにほかなりません。
　このようなパソコンに情報を与えるという操作を**入力**（Input）、情報を表示させる操作を**出力**（**Output**）といいます。この言葉は覚えておいてください。
　そして、パソコンにつないで入力や出力に使う機器、たとえば、キーボードやマウス、そしてゲームの十字キーやボタンは入力機器、ディスプレイは出力機器ということになります。また、このような機器を総称して、英語の入力と出力の頭文字を並べて**I/O**（「アイオー」と読みます）と呼びます。
　入力と出力ということの大切さをわかっていただけたかと思いますので、VBAでの入力と出力を行うためのプログラムを最初に持ってきた理由もご理解できるかと思います。
　まずは、簡単な入力と出力を行うプログラムを示します。

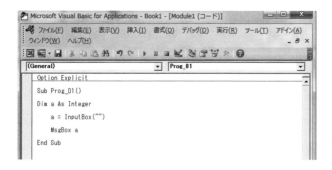

　ここからは「おまじない」ではなく、一つひとつ説明をしていきます。新たに加わった行、つまりプログラムを抜き出してみます。ここで、プログラムの約束事を1つ説明しておきます。基本的に1行目から2行目、3行目の順番で「何をどうするのか」が書いてあります。つまり、**行**

の並んでいる順番が非常に重要になります。このことはこの後、大切になりますのでよく覚えておいてください。

　Sub Prog_01() と End Sub の間に次のテキストを書き込んでください。ここからが、実際に実行されるプログラムの中身になります。本書に掲載のプログラムでは、先頭の **Sub プログラム名()** と行末の **End Sub** は省略されています。以後も同じですのでご注意ください。詳細は付録1を参照してください。

```
Dim a As Integer
    a =  InputBox("")
    MsgBox a
```

エラーが出てプログラムが入力できません！

　プログラムのテキストは、原則としてすべて半角文字を使いますので、日本語入力はオフにしておきましょう。入力するときにはアルファベットの大文字、小文字の区別はありませんが、行中のスペースは必ず入れてください。1行の入力を終わってEnterキーやカーソルキーで別の行に移ると、行内の大文字、小文字、スペースの間隔などを、VBAが自動的に調整します。

　注意点として、行の途中でEnterキーを押すと、その位置で改行して行が上下に泣き別れになりますので、行末でEnterキーを押しましょう。

　このような行替えの際に明らかな間違いがあると、エラーメッセージが出てきます。

■エラーメッセージの例

　「OK」をクリックして、入力内容を確認して修正すれば、問題解決です。

　入力途中で次に入れる単語や文法についてVBAが支援をしてくれますが、慣れるまでは気にせずにワープロのように打ち込んでください。また、行頭のスペースと行間の空きはプログラムを見やすくするためですので、必ずしも正確に入力する必要はありません。

　プログラムの入力方法などについては付録1にまとめておきましたので、一度目を通してください。

さて、プログラムの解説に戻りますが、やっぱり「おまじない」に見えます。ですが、よく見るとかすかに見覚えのある言葉があります。2行目に Input という言葉があります。そう、コンピューターに情報を与える「入力」が「Input」という言葉でした。ここでは、何やらコンピューターに情報を与えているらしいぞ、と勘を働かせてください。

プログラムはコンピューターに理解できることも大切ですが、人間にもわかりやすいことが必要です。パソコンが直接理解できる機械語というのは「0A BBC8762D…」のようなもので、とても人間が理解できる代物ではありません。VBAは、人間にも多少理解がしやすく書かれたプログラムを、パソコンに理解できる形に訳す通訳のような仕事をしています。そして、パソコン側からの情報を人間に理解できる形に訳してくれます。

2-3　プログラムを動かす

とりあえず、このプログラムを動かしてみましょう。プログラムの内容を理解するためには、それがどう動くのかを知っておくことも大切です。プログラムを動かすには、すでに説明した「実行」の操作をします（緑色の右矢印か、「実行」のプルダウンメニューから「Sub/ユーザーフォームの実行」でしたね）。

すると、画面に次のようなウィンドウが現れます。

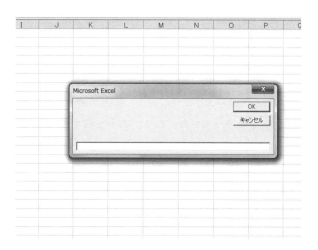

第2日　コンピューターと会話する（入力と出力）

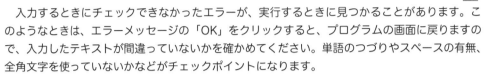

Help Desk!!

実行したらエラーが出ました！

　入力するときにチェックできなかったエラーが、実行するときに見つかることがあります。このようなときは、エラーメッセージの「OK」をクリックすると、プログラムの画面に戻りますので、入力したテキストが間違っていないかを確かめてください。単語のつづりやスペースの有無、全角文字を使っていないかなどがチェックポイントになります。
　また、数字を入力する場合は半角文字を使いますので、全角文字で数字を入れないようにしましょう。

　無事に例示したウィンドウが現れたら、枠の中にカーソルがあるのを確認してください。入力を求められているので、試しに数字の「5」を入れて「OK」をクリックしてみましょう。**数字は必ず半角文字で入力します。「OK」をクリックする代わりに Enter キーを押しても同じです。**

　すると、

　さきほどのウィンドウが消えて、別のウィンドウが現れました。中には「5」と書いてあります。つまり、このプログラムは入力した数字を「オウム返し」に出力するプログラムなのです。このウィンドウが表示中はプログラムが止まっていますので、内容を確かめたら必ず「OK」をクリックするか Enter キーを押してください。以降も同じです。
　プログラムの実行に関しては、1つ注意することがあります。次の図のように、**実行の操作をする際にはカーソルの位置がプログラムの中にあることを確認**してください。なお、ここでプログラムの中とは、`Sub Prog_01()` と `End Sub` の間のことをいいます。一般的には `Sub` …と `End Sub` の間です。カーソルがプログラム内にあると、右上の枠に「Prog_01」とプログラムの名前が出ているはずです。カーソルの場所を変えるには、変えたい場所にマウスカーソルを置いてクリックしてください。

2-3 プログラムを動かす

　カーソルが次の図のように別の位置にあると、囲みで示した窓には「Prog_01」というこのプログラムの名前が出ていません。

　この状態で実行の操作をすると、次のように「マクロ」と左上に書いてある確認のためのウィンドウが現れます。

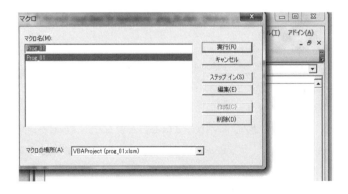

　つまり、「本当に Prog_01 を実行するの?」と VBA が確認を求めてくるわけです（「Prog_01」の部分は現在入力しているプログラム名になりますので、別のプログラムを入力中であれば別の表示になります）。この表示が出たら、**確認のウィンドウにある方の「実行 (R)」をクリック**してください。

027

第2日 コンピューターと会話する（入力と出力）

このようにカーソルの位置がプログラム内にないまま実行の操作をすると、ひと手間余計にかかります。したがって、実行する前にはカーソル位置を確認しておきましょう。もし、忘れて確認のウィンドウが出たら、気にせず「実行(R)」をクリックしてください。

2-4 プログラムには何が書いてある？

このプログラムが「オウム返し」の動きをすることを踏まえて、もう一度、プログラム部分を見てみましょう。

```
Dim a As Integer
    a = InputBox("")
    MsgBox a
```

2行目の `InputBox` ですが、実は入力を促していたウィンドウのことです。ウィンドウは四角形、まさに Box です。そう考えて2行目を見てみると、`InputBox` の後ろの (`""`) はともかく、`a` が `InputBox` に等しい (`=`) と読めます。ただし、パソコンの世界での「=」は人間の世界では「←」に近い感覚、つまり「代入せよ」という意味になります。

では、= に動詞的な意味があるのかということについてですが、実はこの行には `Let` という単語が省略されています。つまり、`a = InputBox("")` は、`Let a = InputBox("")` を省略した文章なのです。試しに2行目を `Let a = InputBox("")` としても、同じ動きをします。ぜひ試してみてください。このほかにもパソコンに何をするのかを伝える言葉が出てきますが、基本的にプログラムの言葉は命令形として使います。パソコンに「〇〇をせよ」と命令するからです。このような言葉を**命令語**といい、命令語に従ってパソコンが行う作業のことを**処理**といいます。

さて、続く3行目の `MsgBox` ですが、「Box」という言葉が含まれています。「Box」が四角いウィンドウのことを表すとするなら、これは「5」が書いてあったウィンドウのことでは？と推測できます。それは当たっています。

一方で頭に付いている「Msg」ですが、「Msg」とはもしかすると、メッセージ (message) のことではと思い当たります。つまり、コンピューターからのメッセージを表示する箱を `MsgBox` と表現しているのではと、さらに勘を働かせるわけです。この推論も当たっています。

2-5 プログラムを覚えるコツ

随分と回りくどい説明になってしまいました。こんなに長々と書かないで、

「変数 = InputBox("")」で入力します。
「MsgBox 変数」で出力します。

とすればわずか2行ですんでしまいます。そうしないであえて回り道をしたのですが、それはプログラムに使っている言葉を覚えるのではなく、理解してもらいたかったからです。そのあたりの事情を少し説明しておきます。

実は、VBAという言葉には2つの意味があります。

1つはパソコンのアプリケーションとしてのVBAです。正確にはExcelに組み込まれている機能のことです。今のところ、Excelとしては使わずVBAを単体として使っていますので、VBA自体をExcelとは別の1つのアプリケーションとみなしても大きな間違いではないと思います。実は、第1日はVBAのインストール作業だったのです。

このVBAというアプリケーションは、人間がパソコンに行わせたいプログラムをパソコンに理解できる内容に通訳するということは、以前説明しました。ほかにもプログラムを書く、修正する、保存するといったプログラミングに関連する一連の作業も行います。

もう1つの意味は、プログラミング言語としてのVBAです。言語といえば、日本語、英語、ドイツ語等々が思い付きますが、実はVBAというのも1つのプログラミング言語なのです。言語ですから、単語がありますし、文法もあります。

つまり、VBA言語でコンピューターに処理させたい作業内容を記載すれば、アプリケーションVBAがパソコンに理解できる機械語に通訳してくれるということです。ですからVBAでプログラミングをするということは、VBA言語を覚えるということと同じことなのです。

言語を覚えるコツは、暗記だけでは膨大な記憶が必要となるので、できるだけ関連付けられる特徴をとらえて、一括りにしてしまうことです。VBAも覚えなければならないことは多いのですが、元の英語から推測できることがたくさんあります。

丸暗記するよりは、元々の英語の意味から機能や働きを推測するように意識をすることで、より早く習得が進むと思いますので、あえて第2日での説明はしつこくしてみました。これからの説明も所々そういった理由から回りくどくなっているところがあると思いますが、急がば回れということでお付き合いください。

第2日　コンピューターと会話する（入力と出力）

2-6　メッセージを表示させる

さて、このプログラムで残っているのは、**InputBox** の後ろの **("")** です。ここで英語の引用符 " " を思い出してください。会話の内容を話者が語ったままに書くときに " " で挟んで示す記号です。つまり、**""** の間には何かしら言葉が入るのではと予想されるわけです。

試しに **("")** を **("aの値を入力してください")** として実行してみましょう。

結果は次のとおりで、おそらく皆さんの予想どおりになったのではないでしょうか。

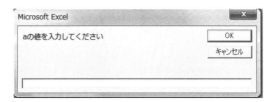

Help Desk!!

日本語をうまく入力する方法はないですか？

　プログラムには原則として半角文字しか使えないのですが、**"**（引用符）で挟まれたテキストと **'**（アポストロフィ）に続くテキストには、例外として全角文字で日本語が入力できます。半角文字と全角文字を続けて入力するには、日本語入力のオン、オフを繰り返すので面倒なだけでなく、間違いのもとになります。

　そこで、プログラムを入力する際には日本語入力をオフにし、日本語のテキスト以外を先に半角文字で入力しておき、その後、必要な場所にカーソルを動かして日本語入力をオンにしてメッセージを入力するようにした方が、間違いを少なくできます。

　なお、**'** に続くテキストは**コメント**です。コメントはプログラムの実行には一切影響を与えないので、注意点などをプログラムの中にメモしておくのに使います。

2-6 メッセージを表示させる

　何もメッセージがない最初の `InputBox` よりも、`a` に入れる数字の入力をお願いしているということが一目でわかります。これはたいへん重要なことで、自分が作ったプログラムでも後になると何をしているのかわからないということが、しばしば起こります。ましてや他人の作ったプログラムでは、皆目見当もつきません。

　この (`""`) をうまく使って、何の入力を求めているのかのメッセージを添えることで、そういった事態を避けることができます。

　そうすると、今度は出力を行う `MsgBox` の方も何とかならないかと考えます。つまり、何を出力しているのかのメッセージを添えさせることができないか、ということです。実は簡単にできます。3 行目の `MsgBox a` を、

```
MsgBox "aの値は" & a & "です"
```

に変更した結果が次です。

　少し解説が必要でしょう。`""` の間に表示させたいメッセージを書くのは同じですが、それを `&` でつなぐことで、並べて表示してくれます。

　時にメッセージを、行を変えて表示させたいことがあります。そのときは、**改行**を示す記号である `Chr(10)` を入れます。これは「ASCII コードの 10 番の文字」という意味ですが、これがパソコンにとっては「改行」を意味しています。`Chr` というのは 1 つの関数ですが、今はこれが改行させる方法だと覚えてください。

　3 行目を、

```
MsgBox "入力結果:" & Chr(10) & "aの値は" & a & "です"
```

にして実行した結果が次です。

第2日 コンピューターと会話する（入力と出力）

2-7 オウム返しプログラムの完成と保存

以上の追加をしたことでプログラムは次のようになりました。

入力した数字をそのまま出力するという、ほとんど何もしないプログラムですが、これでパソコンでの入力と出力が可能になる第一歩を踏み出せました。

次のステップに進む前に、せっかく書いたこのプログラムを保存する方法を覚えておきましょう。これくらいのプログラムなら、もう一度書くことはたいへんではありませんが、先々長いものも多くなっていきます。場合によっては、以前のプログラムを改良して新しいプログラムを作ることもありますから、必要に応じてそのまま呼び出せるようにしておきましょう。また、スペース1つ、コンマ1つ間違えるとエラーになるので、打ち直しよりも保存したファイルを呼び出すのが賢明です。

保存の方法ですが難しいことはありません。Excelのファイルとして保存すればよいだけです。

2-7 オウム返しプログラムの完成と保存

　例ではファイル名はプログラム名と同じ「prog_01」にしてあります。もちろんお好みでかまいません。後でわかりやすい名前にしておくのがよいでしょう。注意点は、**「ファイルの種類」を「Excel マクロ有効ブック」にしておく**ことです。普通の Excel ファイルでは「Excel ブック」で保存していますが、VBA を使うときはプログラム（マクロ）が含まれていますので、この形式にしておいてください。

　これでこの「オウム返し」プログラムの全体が理解できました…のでしょうか？　実はまだ 1 行目が残っています。それと a についても詳しく説明をしていません。これらについては明日説明しますが、読み進める前に実際にこのプログラムを実行して、「1.5」と「1.4」を入力してみてください。意外な結果に驚くのではと思います。

Help Desk!! 上書き保存しかできません！

　Visual Basic Editor のリボンにある「ファイル」のメニューには「上書き保存」しかありませんが、これを初めて保存する場合にクリックすると Excel 本体の「名前を付けて保存」するためのウィンドウが表示され、Excel ファイルとして保存できます。いったん保存したファイルについては、同じ操作で Excel ファイルの上書き保存ができます。

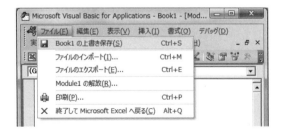

　なお、手を加えたプログラムを元のプログラムを残して別の名前を付けて保存したい場合は、Excel 本体のリボンにある「ファイル」のプルダウンメニューから「名前を付けて保存」を選択します。

第 2 日　コンピューターと会話する（入力と出力）

COLUMN

小さなともだち

現在、パソコン以外にも多くのコンピューターがテレビにエアコン、炊飯器や洗濯機といった身近な電化製品、あるいは自動車などに組み込まれ仕事をしています。

これまでは、電化製品などで使われるコンピューターはメーカーの特注品が多く、一般の人々が工作や趣味で使いたいと思っても手を出しにくかったのですが、初心者でも簡単に扱うことができるマイコンとプログラミングの環境がセットになった製品が出回るようになりました。代表的な製品としてArduino（アルデュイーノ）があり、私も使っています。

パソコンとUSBで接続してプログラムを書き込むと、基板上のI/Oを通じてLEDを点灯させ、モーターを制御し、センサーの情報を取り込むなど、パソコン顔負けの活躍をします。

たとえばLEDの点滅回路の場合、点滅の間隔や点灯時間を調節するには、抵抗やコンデンサーを交換するなど回路そのものを変更する必要がありますが、アルデュイーノを使えば簡単に点滅回路が作れます。また、プログラム（ソフトウェア）を変更すれば、回路（ハードウェア）には一切触ることなく、点滅の間隔や順番、点灯時間などの細かい調節が可能です。このような性質を「プログラマブル」といいます。

■ LED の点滅回路

■ アルデュイーノを使った LED 点滅回路（LED には保護抵抗器だけしかつながっていない）

アルデュイーノのプログラミング言語は「スケッチ」といい残念ながら Basic ではありませんが、一通り Basic を使えれば簡単に覚えられるでしょう。

このように、1つのプログラミング言語をしっかり覚えておくと、さまざまな方面で応用できるのです。

第3日

変数を使う

本日は変数の取り扱いについて説明します。急に数学のような言葉が出てきましたが、直接あなたが計算することはありません。計算はパソコンがしてくれますのでご安心ください。なお、これからは画面の掲載による確認は、本当に必要のある場合に限定して使用することとします。

3-1　第2日の宿題の確認

第2日の最後に試してもらったことについてですが、第2日のプログラムが使えるようにして、以下の説明を読み進めてください。

InputBox で 1.5 を入力した結果ですが、**MsgBox** には 1.5 ではなく 2 と表示されたはずです。また 1.4 を入力した結果は 1 と表示されたと思います（まだの方は試して結果を確認してください）。入力した数字とは違う数字が出力されては、オウム返しではありません。

もう一度プログラムを見てみましょう。

```
Dim a As Integer
    a = InputBox("aの値を入力してください")
    MsgBox "入力結果：" & Chr(10) & "aの値は" & a & "です"
```

2 行目で **a** を **InputBox** から入力しています。続く 3 行目で **a** を **MsgBox** で出力しています。間には何もプログラムがありません。それなのに 1.5 を入力したら 2 が、1.4 を入力したら 1 が出力されてしまいます。

このようにパソコン自体は止まっていないのに、納得できない結果が出る場合もエラーです。エラーが起こるときは、プログラムを修正しなければなりません。この修正作業を**デバグ**、また

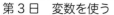

はデバッグ（debug）といいます。これは、虫（bug）を取り除く（de）という意味で、エラーの原因をバグと呼ぶことに由来します。

実際にプログラミングをするときは、プログラムを作っているよりもデバッグの作業の方がはるかに手間がかかることがほとんどです。さらに重要なことは、エラーが起こっている場所にバグがないことがしばしばあることです。今回のエラーも、結果を出力している3行目にはバグはありません。実は、1行目に潜んでいます。

3-2　Dimの謎

バグが潜んでいるのは、次の1行目です。

```
Dim a As Integer
```

Dimという単語がありますが、英語の「Dim」って何でしょう？

実はこのDimは、元の英語の意味から機能を推測するのが難しい単語です。語源はdimensionで、最初の3文字dimを残し、後ろが省略されています。dimensionは「次元」という意味で、三次元（3 dimension）のような使い方をします。しかし、これを文頭に置いて「次元する」では意味がまったく通じません。

これと似たような使い方をする日本語の例をあえてあげるとすれば、「さようなら」でしょうか。元々は「左様ならば（さやうならば）」と納得したときの言葉です。今では「ば」がとれていますが、別れのあいさつになってしまいました。「左様ならば」と納得してしまえば、もうその人に用はないので別れる、それで「左様ならば」と言えば別れることを連想し、最終的には別れるときには「さようなら」と挨拶するようになってしまった、ということです。

このDimも、元々は古いプログラミング言語で使われていたdimensionが新しいプログラミング言語では違う目的で使われるようになったものです。第7日で説明する配列というものがありますが、非常に便利な反面、メモリを大量に消費するという欠点があります。特に、昔のコンピューターではメモリは非常に高価でしたので、惜しみつつ使わなければならないという事情がありました。そのための工夫が必要となっていたのです。

このような背景のため、配列をプログラムで使うときにはあらかじめ使う予定のあるメモリを予約するという方法が編み出されました。その予約の手続きをするのに使われた単語がDimでした（今日のVBAでもこのような予約が必要とされています）。なぜDimだったのかというと、配列には一次元のもの、二次元のもの、三次元のもの…と次元があり、メモリの予約には配列の次元も必要になっていました。そこで、プログラミング言語を作った人たちが、dimensionという言葉を使うことにしたのです。

このような予約をすることを**宣言**といいます。本来は配列の次元を宣言するために`Dim`を使うことにしていたのが、`Dim`が宣言を連想させるようになり、いつの間にか宣言をするために`Dim`が使われるようになってしまったのです。ですから、VBA を含むプログラミング言語で`Dim`（dimension）を見かけたら、本来の「次元」ではなく、何かを**予約（宣言）をしている**と考えてください。

3-3　バグの正体

`Dim`は何かを宣言をしているという目で 1 行目を見てください。`a As Integer`ということを宣言しています。`as`は「等しい」、そして`Integer`は「整数」という意味です。さしずめ 1 行目を日本語に訳せば、「a が整数であることをここに宣言する」というところでしょうか。

これでどうしてエラーになったのかおわかりになったと思います。`a`は整数なので`InputBox`で 1.5 や 1.4 のような整数でない数を入れたことが間違いだったのです。本来なら「整数ではないぞ！」と文句を言ってほしいところですが、なぜかこういうときは融通を利かせて小数部分を四捨五入して、入力された 1.5 は 2 に、1.4 は 1 にして`a`に代入し、その`a`をそのまま`MsgBox`が出力していたということです。

融通が利かないくせに、肝心のところでは妙にいい加減になってしまう困った人も実際にいますので、VBA を笑えませんが、デバッグではこういったバグを見つけるのが本当にたいへんなことがあります。

では、どうすればよいのでしょう。2 つの方法が考えられます。1 つは、このプログラムは整数専用に使うことです。整数であれば問題なくオウム返ししてくれますので、問題はありません。しかし、これから私たちが VBA を使うなかで、整数だけしか扱わないというわけにはいきません。そこでもう 1 つの解決策は、`a`が整数だけではなく小数点以下の数字も扱えるようにすることです。このような数字を**浮動小数点型**と呼びます。これに対して、整数は**整数型**と呼びます。

3-4　a の変数型を修正する

これまで`a`については何の説明もなく、**変数**と呼んでいました。数学では、「所持金を a 円とします」「ある数を x とします」というような使い方をして、この a や x を**変数**だと習います。具体的な 10 円だとか 0.5 とかいう数字だけではなく、a や x という変数も数字とまったく同じように扱うことができることを学びます。

第3日　変数を使う

「同じ数字なんだから、別に整数型だとか浮動小数点型だとか区別する必要はないのでは？」と思われるかもしれませんが、コンピューターにとっては整数型の数と浮動小数点型の数とではたいへんな違いがあります。よくコンピューターは2進数を扱っているといわれます。たとえば10進数の5が2進数では101になります。2進数を10進数に直すのは、たとえば101なら、$2^2 \times 1 + 2^1 \times 0 + 2^0 \times 1 = 5$となり、自然数であれば簡単に計算ができます。では2進数で負の数はどう表しますか？　あるいは、浮動小数点型ではどうするのでしょう？

コンピューターの世界では、ある約束に従って0と1の組み合わせで負の値や浮動小数点型の数を表現することになっています。これ以上の詳しい説明は省略しますが、2進数でも整数の負の数はわりと簡単に表現できます。一方、本来0と1の組み合わせで計算をするコンピューターは、直接的に浮動小数点型の数の計算をすることができないので、いろいろと苦労をしているということを理解してもらえれば結構です。

ですから、$1 + 1 = 2$という計算も、1が整数型なのか、たまたま浮動小数点型で小数点以下の数がない1なのかで、計算の方法が違うわけです。数字なら小数点が付いているかいないかで区別できますが、変数の場合は見ただけでは区別できません。そのため、プログラムで使う変数が整数型なのか浮動小数点型なのかということを、厳密に区別しておくことが求められるのです。

そこで「aが整数型であることをここに宣言する」ということを、プログラムの最初に書いておくわけです。間違いの元は**a**を整数型として宣言してしまったことにあるわけですから、「aが浮動小数点型であることをここに宣言する」とすれば、大丈夫ということになります。その修正結果は次のようになります。

```
Dim a As Single
```

Integerが**Single**に変わりました。全体のプログラムは次のようになります。

確認のため、実行して 1.5 を入力してみます。

今度は間違いなく 1.5 が出力され、無事にオウム返しになっています。これで完成です。

3-5 変数の型

　ここで新しく Single（単）という言葉が出てきました。これは**単精度浮動小数点型**の「単」に相当する英語です。単精度浮動小数点型は 38 桁の実数を表現できますので、日常生活ではお釣りがくるぐらいの数字を取り扱うことが可能です。前後しますが、整数型の場合は −32,768 〜 32,767 の範囲の整数を取り扱うことができます。こちらは場合によっては少ないこともありますので、その場合は Long（長い）として**長整数型**を宣言できます。こちらは約 ± 20 億（正確な値は表を参照）の整数を取り扱えます。

　ちなみに、単精度があれば倍精度もあり、その場合は Double（2 倍）として**倍精度浮動小数点型**を宣言できます。こちらは 308 桁の実数まで取り扱うことができますが、何に使うのか悩んでしまいそうです。ですが、浮動小数点型の利点は単精度にせよ倍精度にせよ大きな数を扱えるということよりも、**数値の正確さ（精度）が上がる**ことにあります。

　たとえば、円周率を 3.14 とするのか、はたまた 3 として教えるのかが「ゆとり教育」の象徴的な問題点として議論されましたが、コンピューターの世界では 3.14 ではとうていお話になりません。もう少し正確な数を使うことが求められます。単精度浮動小数点型では小数点以下 6 桁、倍精度浮動小数点型では 14 桁まで表現できます。それぞれの変数型でどのような数値が表現できるかについては次ページの表にまとめてあります。なお、表に「E」とありますがこれは「× 10^x」の意味で、たとえば $1.06E2$ であれば $1.06 \times 10^2 = 106$ を示しています。

　表の細かいところまでを記憶する必要はありません。普通に整数を使うときには整数型、大きな整数は長整数型、小数点以下の数があるときは単精度浮動小数点型、高い精度が必要な場合は倍精度浮動小数点型とざっくり覚えておけば、大きな間違いはありません。この程度のラフな選択方法でも、時たま整数型が 3 万程度の数までしか扱えないので、エラーになることがトラブルになる程度でしょう。

第3日 変数を使う

■よく使う数値変数の型と表現範囲

変数の型	表現範囲	
整数型	−32,768 〜 32,767 の整数	
長整数型	−2,147,483,648 〜 2,147,483,647 の整数	
単精度浮動小数点型	負の数	−3.402823E38 〜 −1.401298E−45
	正の数	1.401298E−45 〜 3.402823E38
倍精度浮動小数点型	負の数	−1.79769313486231E308 〜 −4.94065645841247E−324
	正の数	1.79769313486231E308 〜 4.94065645841247E−324

ここで当然の疑問として、浮動小数点型には整数型が含まれるのだから、変数はすべて浮動小数点型ということにして同じように計算すればいいのではないか。そうすれば、区別して宣言することもないし、エラーにもならないのではと思われる方もいると思います。

それはそのとおりで、簡単にプログラムを作るのであれば、「変数はすべて単精度浮動小数点型（Single）にしておいてください」ですんでしまいます。おそらく、この本のレベルであれば何の問題もないはずですが、そこにはやはり強いこだわりを感じてしまうのも事実なのです。その理由としては、整数型にはそれなりのよさがあること、そして、将来的にBasicからC言語やJavaのようなコンピューターの内部構造に深く入り込む言語に進むと、2進数と直結する整数型の重要性がさらに増すことがわかっているからです。

わかりやすい例は処理速度です。整数型は、コンピューターが直接計算できる2進数との変換が簡単なので、処理の時間が少なくてすみます。もちろん、倍精度浮動小数点型でも処理に時間がかかるとしてもわずかな時間です。しかしながら、1回1回の時間差はたいしたことはなくても、それが多ければ多いほど、大きな差になってしまいます。コンピューターを使う利点は、何といっても時間を節約できることです。必要もないのに浮動小数点型の変数を使って処理時間がかかってしまうことは避けるべきで、可能な限り処理時間の短い整数型を使って、速いプログラムを作ることを心掛けるべきだと思います。

もう1つはメモリの節約です。1つの倍精度浮動小数点型の変数は8 byte（半角のアルファベットなら8文字、全角の日本語なら4文字に相当）のメモリを使いますが、これは整数型の変数が2 byteであることに比べ、4倍のメモリを使うことになります。変数が1つや2つなら問題ありませんが、以前にDimで触れた配列では大きな差になることがあります。やはり、必要以上のメモリを浪費しないようにすべきでしょう。

以上をまとめると、次のようになります。覚えておきましょう。

- **変数はできるだけ整数型を使う。**
- **小数点以下の数字を扱う場合は単精度浮動小数点型を使う。**
- **長整数型や倍精度浮動小数型は必要に応じて使う。**

第4日

計算する（四則演算と関数）

いつまでも「オウム返し」プログラムではおもしろくありません。電卓でいえば、入力した数字が窓に表示されただけの状態です。そろそろ計算機としてのパソコンの力を見たいので、次のステップに進みます。

 ## 4-1 VBA で四則演算をするプログラム

まずプログラムの例を示します。

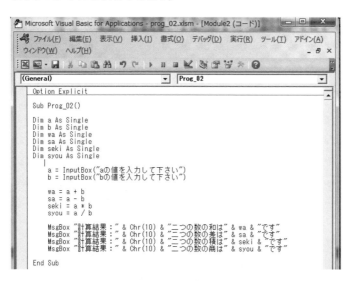

長くなっていますが、ほとんどの行はすでに説明が終わっているものばかりです。新しくなっ

第4日 計算する（四則演算と関数）

ているのは、

```
wa = a + b
sa = a - b
seki = a * b
syou = a / b
```

の部分だけです。そのほかは変数が a のほかに b が追加されています。同じく、**wa, sa, seki, syou** という単語が見えますが、これらも同じ変数です。変数の名前は一定の制限はありますが、1文字だけではなく複数のアルファベットや数字を組み合わせて作ることができます。また、大文字小文字の区別はありません。

そういうことですので、変数にはできるだけわかりやすい名前を付けるようにしましょう。それと制限についてですが、たとえば **Dim** や **InputBox** のような名前は使えません。もしもそういう名前の変数があった場合、それは変数なのかそれとも VBA で使う単語なのかの区別がつかないからです。VBA で使う単語を**予約語**といいます。以前に命令語というのもありましたが、**すべての命令語は予約語に含まれます**。

では、VBA の予約語をすべて覚える必要があるのかというと、その必要はありません。予約語を変数名として使おうとすると、プログラムを入力する時点でエラーメッセージが出て入力ができません。そういうときは別の名前を考えてください。

プログラムに戻ります。**Dim** ではすべての変数が単精度浮動小数型（**Single**）に宣言されています。続く **InputBox** では、a とまったく同じように b を入力するようになっています。新しく追加された 4 行はとりあえず飛ばします。**MsgBox** は、メッセージ部分はともかく、新しい変数を出力しています。

それでは、新しい問題の 4 行を上から見ていきます。

```
wa = a + b
```

= は省略されている **Let** と合わせて、右辺を左辺に代入せよという意味でした。右辺は **a + b** となっています。これは読んだとおりで、a と b を**足し算**することを示しています。その結果を代入する変数が wa です。そしてこの wa（和）を出力する **MsgBox** のメッセージは「二つの数の和は」になっています。つまりこの部分は、入力された a と b の足し算をしています。

次の行です。

```
sa = a - b
```

この行では、入力した数の a から b を**引き算**して sa（差）に代入しています。念のため **MsgBox** のメッセージは「二つの数の差は」になっています。

4-1　VBAで四則演算をするプログラム

さて問題は残りの2行です。

```
seki = a * b
syou = a / b
```

変数名が **seki**（積）なので、×かと思いきや * になっています。次も変数名 **syou**（商）なので、÷かなと思ってみると / です。これは初期のパソコンが基本的な文字しか使えなかった時代の名残りです。特に×は今でも **x**（エックス）との見分けがつきにくいこともあり、**掛け算**の記号は * (**アスター**、**アスタリスク**、**スター**) を、**割り算**の記号は / (**スラッシュ**) を使うことになっています。これは Excel の式と同じなので早く慣れてください。

いずれにせよ、これで計算の基本となる**四則演算**ができるようになったと思います。掛け算と割り算の記号は少し違いますが、基本的に算数の計算と同じです。今回の例では変数と変数の計算でしたが、**wa = a + 10** のように、数字を書いても正しく計算し、たとえば **a** に 5 を入力すれば **wa** に 15 が代入されます。

以上ですべての行での処理の内容がわかりました。入力された 2 つの数の四則演算を行い、結果を出力するのがこのプログラムの働きです。

確認のためプログラムを実行し、**a** に 5 を、**b** に 2 を入力してみましょう。順に、7, 3, 10, 2.5 が **MsgBox** で出力されることを確認してください。

プログラムの入力ウィンドウがなくなりました！

プログラムの入力や実行を行う VBA のウィンドウを Visual Basic Editor といいますが、Excel のシートなどで隠れてしまうことがあります。見失ったら、Excel から Alt キーと F11 キーを同時に押せば出てきます。

「2-3　プログラムを動かす」でも説明しましたが、**MsgBox** などで確認や入力を求めている間はプログラムが止まっています。その間はプログラムの入力もできませんので、ウィンドウも開きません。先に **MsgBox** などの「OK」をクリックしてください。

他のアプリケーションが起動しているときは、Windows 下端のツールバーの Excel のアイコンにマウスカーソルを合わせて、Microsoft Visual Basic for Applications と書いてあるアイコンをクリックしても出てきます。

第4日 計算する（四則演算と関数）

4-2 割り算の問題

次にこのプログラムを実行し、a に 7 を、b に 3 を入力してみましょう。順に 10, 4, 21 と表示され以下のように最後の割り算の結果が出力されます。

これでまったく問題はないのですが、趣味の問題として美しくありません。出力結果に小数点以下の数字が長々と並ぶ姿は何とかしたいものです。せっかく VBA を使うのであれば、出力にもこだわってみたいと思います。

2 つの改良が考えられますがまずは 1 つ目を示します。枠で囲ってある部分が変わっています。

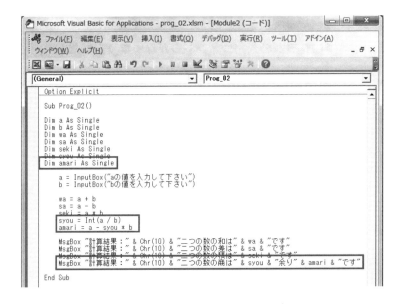

これを実行し、a に 7 を、b に 3 を入れて割り算の結果を出力した **MsgBox** が、次です。

7÷3＝2…1ですので、これと同じように余りを計算して出力するプログラムにしてみました。どうしてこれでよいのか、順に見ていきます。

4-3　Int 関数を使った計算結果の出力の工夫（その1）

新しく追加した行を見てみましょう。最初の **Dim** で **amari** という変数が **Single**、つまり単精度浮動小数点型として宣言されています。このプログラムで新しく **amari** という変数が使えるようになりました。

次に割り算をする行ですが、

```
syou = a / b
```

だったのが

```
syou = Int(a / b)
```

に変わっています。**Int** という言葉の後ろの ( ) に元々の割り算を行う数式 **a / b** が入っています。

VBA で「**単語 (数式または数)**」という形は、**関数**と呼ばれます。数式の場合は計算結果が使われますので、結局 ( ) 中は数になります。この ( ) の中の数のことを関数の**引数**といいます。

数学で習った関数を思い出してください。一般的な関数については $f(x)$ と表されていました。f は関数を示す英語の function の頭文字です。この f の後ろに ( ) があり、その中には数を表す x が入っています。VBA の関数もまったく同じ形になっているのがわかります。そして形だけでなく働きも同じです。引数に対して指定された関数の値を返します。なお、Excel 関数も ＝ **単語 (引数)** で同じ形ですが、たとえば平方根は Excel 関数では **sqrt** で、VBA では **sqr** のように、単語部分が違うことがあるので注意しましょう。

この **Int( )** が関数だということがわかりましたが、何の関数でしょう。**Int** は integer の頭の 3 文字で、整数型の **Integer** と同じです。引数の整数部分を取り出す関数としてよく使われますが、少し注意が必要です。正確には **Int** 関数は「引数を超えない最大の整数」を返

第4日 計算する（四則演算と関数）

します。たとえば引数が 2.33 であれば、これを超えない最大の整数は 2 になりますので、2.33 の整数部分になっています。問題は負の数になった場合です。−2.33 だと、これを超えない最大の整数は −2 ではなく、−3 です。数直線で確認しておきます。

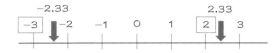

ガウスの記号 |x| を知ってる人は、Int 関数と同じものだと気付いたと思います。整数部分を取り出す方が簡単でよいのにと思われるかもしれませんが、実はこちらの方が理にかなっています。それについては、のちほど説明しますので、少しお待ちください。

とりあえず、Int(a / b) はそういう関数だとわかりました。7 ÷ 3 = 2.333… となるので、変数 syou には 2.333… を超えない最大の整数である 2 が代入されます。これが追加した 2 番目の行の意味です。

次に追加した 3 行目です。

```
amari = a - syou * b
```

引き算と掛け算が混ざった式になっています。Excel の式を書くときもそうですが、四則演算や括弧のある式の計算は、私たちが日常使っているのと同じルールで計算されます。つまり、

- **四則演算は、掛け算と割り算は足し算と引き算に優先して計算する。**
- **括弧があれば、その中は先に計算する。**

ただし、波括弧 { } や角括弧 [ ] は使わず、すべて丸括弧 ( ) を使います。

ですから、この式は、割られる数 a から商の整数部分 syou と割る数 b を掛けたものを引いた数を変数 amari に代入する、ということを示しています。割り算の商（syou）に割る数（b）を掛けて余り（amari）を加えると、元の割られる数（a）になることを式にすれば、

```
a = syou * b + amari
```

となります。式を変形すると、

```
amari = a - syou * b
```

となります。これは、新しく加えた行そのままです。念のため例の数値を入れて確認します。

```
amari = 7 - 2 * 3 = 1
```

余りが 1 だと計算できて、変数 amari に代入されました。最後に MsgBox で、計算した syou と amari をメッセージと並べて出力しています。このように 2 つ以上の変数も出力できます。

```
MsgBox "計算結果：" & Chr(10) & "二つの数の商は" & syou & "余りは" & amari & "です"
```

最後に、Int関数が「引数を超えない最大の整数」を返すことについて、この方が単に整数部分とするよりも理にかなっていることについて簡単に触れておきます。

割り算で割られる数が負の数になった場合に問題となります。たとえば7が−7になった場合を考えましょう。−7÷3＝−2.3333…になります。Int関数で整数部分が仮に−2と返したとすると、余りは−7−(−2)×3＝−1となります。Int関数どおりだと、−7−(−3)×3＝2となります。

整数をある数で割った余りで分類する、**剰余系**という考え方があります。剰余系では、正の整数を3で割った余りは、0,1,2の3種類になります。これを、割られる数を負の整数に拡張するとどうなるか、考えてみます。Int関数が整数の部分を返すとした場合は、余りが−1となり、この場合は剰余系の分類として、余りが−1の場合も考えなくてはならなくなります。一方で、Int関数どおりだと2となりますので、正の整数の考え方を拡張しないで、そのまま負の整数にも当てはめることが可能になります。

正の整数と負の整数とを別々に分けて考える分類と、両方を統一的に扱える分類と、どちらが便利かといえば明らかです。そこで、両方を統一的に扱える方法が採用されています。

ここも少しくどくInt関数の説明をしましたが、関数を使うときはその性質をしっかり理解して使うようにしましょう。そうしないと、エラーの原因が関数の性質に由来するものであった場合は、原因がなかなか判明しないことがあります。注意してください。

4-4　Int関数を使った計算結果の出力の工夫（その2）

小数点以下が長々と続く数値を美しく出力するもう1つの方法は、小数点以下2桁や3桁までを表示させる方法です。表示する1つ下の桁を四捨五入します。次は、割り算の部分だけをプログラムしたものです。

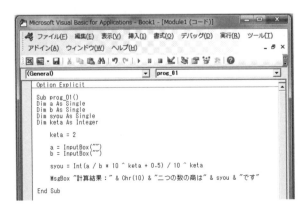

第4日　計算する（四則演算と関数）

新しいのは、整数型の変数 `keta` と変数 `syou` の代入式で ^ という記号が使われている部分です。この記号は**ハット**といい、**べき乗**を表します。たとえば、2 ^ 3 は 2^3 となります。したがって、10 ^ `keta` は $10^2 = 100$ になり、`keta` が 2 の場合の `syou` の計算式は次のように読み替えることができます。

```
syou = Int( a / b * 100 + 0.5 ) / 100
```

`a` / `b` を 100 倍して、0.5 を加えて、`Int` 関数の引数にし、結果を 100 で割っています。わかりにくいので、先の例の `a` が 7、`b` が 3 の場合で確認してみます。

$7 ÷ 3 = 2.333…$ なので、100 倍すると 233.333… です。0.5 を加えると、233.8333 です。正の数の `Int` 関数なので、整数部分を抜き出して 233 になり、これを 100 で割ると 2.33 です。小数点以下 3 桁目が 3 で切り捨てとなるので、2.33 で合っています。

次に切り上げとなる、`a` が 8、`b` が 3 で確認してみます。$8 ÷ 3 = 2.666…$ です。100 倍して 0.5 を加えると 267.1666… になります。あとも同様に、整数部分の 267 を 100 で割って 2.67 になります。確かに 3 桁目が四捨五入された結果になっています。問題は負の数の場合ですが、プログラムを実行させて $-7 ÷ 3$ や $-8 ÷ 3$ について試して、間違っていないことを確認してください。

これは、`Int` 関数の性質をうまく利用した**四捨五入**をする方法です。100 倍して `Int` 関数で整数部分を抜き出し、その後で 100 で割ると、表示の必要のない 3 桁以下の数字が消えます。3 桁目が 5 以上であれば 100 倍して 0.5 を足せば整数部分が 1 増える、つまり**繰り上がり**ます。4 以下であれば 0.5 を足しても 1 未満なので繰り上がりは起こりません、つまり**切り捨て**になります。これはいろいろと応用が可能なテクニックですので覚えておくとよいでしょう。

また、`keta` という変数を使って、100 を 10 ^ `keta` で表していますが、これは小数点以下の表示を 1 桁や 3 桁に変更する場合を考えてのことです。`keta` に代入する数値が表示する桁数になっていますので、ここを変えるだけで `syou` の計算式を修正する必要がなくなります。

ところで、べき乗の計算 ^ は処理に時間がかかります。そこで、何度も ^ を計算するようなプログラムの場合、二乗するのであれば `a ^ 2` ではなく `a * a` にしましょう。また、第 6 日で出てくるループという繰り返しの処理に入る前に、可能な限りべき乗の計算はすませておき、ループ内での不要なべき乗の計算を避けるようにします。たとえば、早めに `keta = 10 ^ keta` と処理しておき、以後は `10 ^ keta` を `keta` で置き換えてしまうことで、^ の計算回数をできるだけ少なくします。なお、最初から `keta = 100` にしてしまうと、変数 `keta` が小数点以下で表示する桁数であるということが後でわかりにくくなりますので、注意しましょう。

4-5 その他の関数

Int関数以外にもよく使う関数を説明しておきます。

■ VBAでよく使う関数

関数の種類	VBAでの表示	注意点
平方根	Sqr( )	引数は負にならないこと
sin関数（正弦）	Sin( )	引数は弧度法
cos関数（余弦）	Cos( )	引数は弧度法
自然対数	Log( )	引数は正の数
e^x	Exp( )	eは自然対数の底
乱数	Rnd( )	引数はダミー（通常は1を入れておく）
絶対値	Abs( )	特になし

以下は、これらの関数を使う際に覚えておくとよいテクニックです。数学関係の用語が出てきますが、よくわからない場合は、中学や高校の教科書を読み返したり、インターネットで確認してください。

三角関数

sinやcosといった**三角関数**は**弧度法**（**rad**、**ラジアン**）を使いますが、どうしても**度数法**を使う場合には $\pi\,\mathrm{(rad)} = 180°$ の関係を使って変換する必要があります。次は、度数法 d を弧度法 r に変換する式です。

```
pi = 355 / 113
r = pi / 180 * d
```

ここで pi の意味ですが、電卓などで355/113を計算してみてください。355/113＝3.14159292035398 となります。π＝3.14159265358979323846264338327950...ですので、3.141592までは正しい値になることから手軽に π を入力する方法として知られています。繰り返し計算をなるべくしないように、

```
p = 355 / 113 / 180
r = p * d
```

としても同じです。

第4日 計算する（四則演算と関数）

常用対数

以下は、**常用対数**を使う方法です。$L = \log_{10} X$ とするには、

```
ten = Log( 10 )
L = Log( X ) / ten
```

とします。

いうまでもなく、**底の変換公式**を使っています。`ten` の部分を変えれば別の底の対数も計算できます。また、常用対数 **L** を**真数**に戻すには 10 ^ **L** とします。^ は整数以外のべき乗にも対応しています。

乱数

乱数の関数など何に使うのかと思われますが、ゲームなど意外性のあるプログラムで使うことがあります。引数はダミーなので、通常は1を入れておきます。呼び出すたびに0から1未満の間の乱数を返してきます。サイコロの目として、整数型の変数 **x** に乱数を発生させて代入するときは、次の方法を使います。

```
x = Int( Rnd( 1 ) * 6 + 1)
```

`Rnd( 1 )` が0から1未満の正の数なので、6倍すると整数部分は 0, 1, 2, 3, 4, 5 になります。これに1を加えますので、1, 2, 3, 4, 5, 6 のいずれかの数字が **x** に入ることになります。一般に整数で1から **k** までの乱数を発生させる場合は、

```
x = Int( Rnd( 1 ) * k + 1)
```

とします。

剰余

関数ではないのですが、**剰余**を求める**演算式**もよく使います。**a** を **b** で割った余りを **c** とすると、

```
c = a Mod b
```

と計算できます。

4-6　文字列型の変数について（参考）

文字列とは聞き慣れない言葉ですが、テキストのことです。一般的な Basic では、変数として数値だけでなくテキストも扱うことができます。もちろん VBA でもこのような変数を使うことができます。変「数」というのに、テキストを扱うというのも奇妙な感じがしますが便利なものです。

たとえば、a という変数に「田中」というテキストを

```
a = "田中"
```

として代入することで、何度もプログラムに「田中」と書かなくても、a とだけ書けば同じ処理が行われます。どこまでが代入しているテキストなのかがわかるように、2 つの " でテキストを挟んでください。こうしておけば、

```
MsgBox "田中"
```

を

```
MsgBox a
```

としても結果はいずれも、

となります。

このような変数を使いたいときは、

```
Dim a As String
```

と宣言しておけば、変数 a を文字列型の変数として使えるようになります。四則演算は足し算だけが可能です。

```
b = "さん"
```

として、

第4日　計算する（四則演算と関数）

```
a = a + b
```

としておけば、

```
MsgBox a
```

で、

と出力されます。

　第3日のプログラムも、文字列型の変数を使うと、次のようにスッキリと書くことができます。

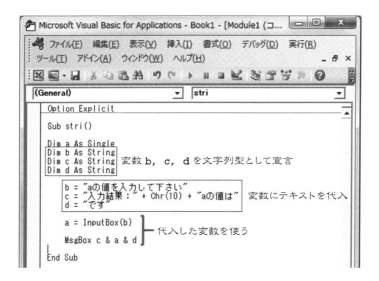

　ただし、プログラムの解説をするにはスッキリしすぎて、プログラム内の複数か所を説明する必要（本質的でないにもかかわらず）が出てくること、数値型変数の理解が進んでいない最初の段階では混乱してしまう恐れがあること、さらに本書では数値計算のプログラムを中心に進めることにしていることなどから、当面必要のない文字列型変数の使い方については他の解説書に譲りたいと思います。

　一通り数値型変数の使い方に慣れたら、興味のある読者は掲載されたプログラムのテキスト部分を文字列型変数に置き換えることから挑戦してみるのがよいかもしれません。

第5日

判断をさせてみる（条件分岐）

第4日までで、パソコンに入力した数値に四則演算や各種関数、あるいはこれらを組み合わせた計算をして出力させることができるようになりました。パソコンが電卓のように使えるようになったわけです。

四則演算や関数を組み合わせた数式が使えるのは電卓よりはマシなのですが、あまり有り難みがあるようには感じられません。もう少し、コンピューターらしいことをさせるため、二次方程式を解かせてみようと思います。

5-1　解の公式を使うプログラム

二次方程式 $ax^2+bx+c=0$ の解は、**解の公式**

$$x = \frac{-b \pm \sqrt{b^2 - 4ac}}{2a}$$

で求められ、第4日までの知識でプログラムにすることができます。

```
Dim a As Single
Dim b As Single
Dim c As Single
Dim x1 As Single
Dim x2 As Single

    a = InputBox("ax^2+bx+c=0 " & Chr(10) & "aを入力してください")
    b = InputBox("ax^2+bx+c=0 " & Chr(10) & "bを入力してください")
    c = InputBox("ax^2+bx+c=0 " & Chr(10) & "cを入力してください")

    x1 = (-b + Sqr(b * b - 4 * a * c)) / (2 * a)
    x2 = (-b - Sqr(b * b - 4 * a * c)) / (2 * a)

    MsgBox "x = " & x1 & " , " & x2
```

第5日　判断をさせてみる（条件分岐）

すでに説明が終わっているものばかりなので、上から順に行を追いかけてみればプログラムの動きがわかると思います。

何はともあれ実行してみます。二次方程式の係数を聞いてきますので、aに1、bに−5、そしてcに6を入力した結果です。方程式は $x^2 - 5x + 6 = 0$ になります。

解が出力されました。公式を使わないでも因数分解で解ける問題だと思います。

次に、aに1、bに4、そしてcに4を入れてみます。

解は2つ出力されていますがどちらも −2 です。

最後に、aに1、bに2、そしてcに3を入れてみます。

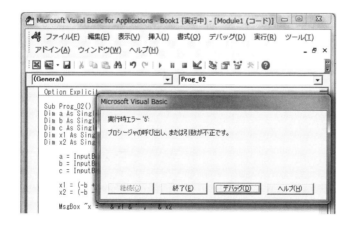

プログラムが止まってしまいました。これが**エラー**です。

5-2 二次方程式プログラムのエラーの原因

　VBAからのメッセージは「プロシージャの呼び出し、または引数が不正です。」と書いてあります。そして次の操作としてお勧めしているのが「デバッグ (D)」です。難しいことが書いてあるようですが、**引数**と**デバッグ**はすでに説明してあります。引数は関数に入れる数、デバッグはプログラムの修正をすることでした。

　そこで「デバッグ (D)」ボタンをクリックします。

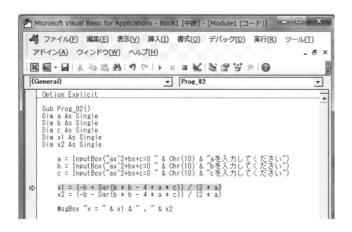

　エラーが発生して止まった行が黄色く示されています。「引数が不正です」とありましたが、引数とは関数の ( ) に入れて計算する数でした。確かに Sqr 関数が使ってあります。Sqr 関数の使用で注意する点は第 4 日の表で示しておきましたが、引数が負の数でないことでした。

　そこで確認のため引数を計算してみます。$2 \times 2 - 4 \times 1 \times 3 = -8$ となり、負の数になっていました。Sqr 関数で負の数を計算させようとしたので、エラーになってしまったのです。

　以上 3 つの実行例を示しました。だんだんと思い出した方もいれば、やっぱりと思われる方もいると思います。二次方程式は、

① 2 つの**実数解**を持つ
② **重解**を持つ
③ 実数解を持たないで**虚数解**を持つ

の 3 つのパターンがあるのです。それを調べるのが**判別式 D** で、$D = b^2 - 4ac$ と計算するのでした。

　この D が正の値なら 2 つの実数解を、0 なら重解を、負の値なら実数解を持たないで虚数解となります。

第5日 判断をさせてみる（条件分岐）

　二次方程式を解くときのように、**条件によって違う処理を行う**必要が往々にしてあります。コンピューターと電卓との違いは、プログラムにより**自動的に場合分けをして違う処理を行わせる**ことができることにあります。

　ところで、Visual Basic Editor は現在デバッグモードで、このままではプログラムの修正などができません。「実行(R)」メニューから「継続(C)」をクリックして、「プロシージャの呼び出し、または引数が不正です。」のウィンドウを再度表示させます。「終了(E)」をクリックして、プログラムの実行を終了させます。

Help Desk!!

数式でエラーが出ますがバグが見つかりません！

　エラーが発生して黄色く表示された行にバグ（ミス）が見つからないことがあります。数式関係のバグで多いのは、（　）です。複雑な式でわかりにくいときは、左括弧（と右括弧）の数を数えてみましょう。必ず同じ数になっていなければなりません。数が違う場合には、（　）に着目してバグを探してみましょう。

　また、「．（ピリオド）」と「，（コンマ）」、「：（コロン）」と「；（セミコロン）」、「1（数字の1）」と「I（大文字のアイ）」「l（小文字のエル）」を間違えていても、見分けにくいので注意しましょう。

　関数の引数が原因と考えられるときは、説明したように手計算で値を確認する、あるいは関数を呼び出す直前に `MsgBox` 文を入れて引数の値を出力させる方法があります。今回の例では、黄色の行の上に

```
MsgBox b * b - 4 * a * c
```

と書いておくと、メッセージボックスに値を出力します。数式は、エラーを起こしている行からコピー＆ペーストしましょう。

　いくら探しても見つからないときは、VBAがおかしいのでは？　と疑いたくなりますが、必ずバグがあります。諦めずに探しましょう…　さもないと絶対に先には進めません。

5-3　条件分岐を使ったエラーの修正

　判別式 D の値により違う処理をパソコンにどうやって行わせるのかを、次のプログラムで説明します。

```
Dim a As Single
Dim b As Single
Dim c As Single
```

5-3 条件分岐を使ったエラーの修正

```
Dim x1 As Single
Dim x2 As Single
Dim d As Single
    a = InputBox("ax^2+bx+c=0 " & Chr(10) & "aを入力してください")
    b = InputBox("ax^2+bx+c=0 " & Chr(10) & "bを入力してください")
    c = InputBox("ax^2+bx+c=0 " & Chr(10) & "cを入力してください")

    d = b * b - 4 * a * c

    If d < 0 Then MsgBox "実数解なし": End

    x1 = (-b + Sqr(b * b - 4 * a * c)) / (2 * a)
    x2 = (-b - Sqr(b * b - 4 * a * c)) / (2 * a)
    MsgBox "x = " & x1 & " , " & x2
```

判別式の値を変数 d で計算しています。見慣れないのが **If**、**Then** そして **End** です。また **:** という記号も初お目見えです。

これらがまとめて登場している行を抜き出してみます。

```
If d < 0 Then MsgBox "実数解なし": End
```

これはそのまま英語として強引に読んでも意味が通じてしまいそうです。

If	d<0	then	MsgBox " 実数解なし"	: End
もしも	d<0	そのとき	MsgBox で「実数解なし」と出力	終わり

つまり、「判別式 d の値が 0 より小さいときは、「実数解なし」と出力して終わる」ということを書いてあるのではと読めるのです。そして実際もそのとおりの動きをします。実行してみて、さきほどエラーになった **a** に 1、**b** に 2、**c** に 3 を入れてみてください。

とエラーになることはなく、「実数解なし」と表示され、「OK」をクリックするとプログラムは終了しました。エラーにならなかった別の例の値を入力して、同じ解が出力されるのを確かめておいてください。

第5日 判断をさせてみる（条件分岐）

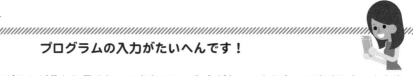

プログラムの入力がたいへんです！

　入力するプログラムが段々と長くなってきたので、入力がたいへんになってきました。とりあえず動かすには、`InputBox` と `MsgBox` の日本語は省略しても問題はありません。行頭のスペースや改行も見やすくするためなので、例示のテキストとまったく同じにする必要はありません。ただし、行中のスペースは VBA が自動的に調節しますので任せるしかありません。

　また、ワープロのようにコピー＆ペーストができますので、本文を例にすると、

```
a = InputBox("ax^2+bx+c=0 " & Chr(10) & "aを入力してください")
```

の行をコピペして2行追加して、**a** を **b** と **c** に替えてしまうなど工夫してみてください。

　また、入力したプログラムを改造する場合は、すでに入力してあるプログラム全体を再利用するのも近道です。入力済みのプログラムを改造前に保存し、そのまま同じプログラムを別の名前で「名前を付けて保存」をしてから改造を開始します。そうすれば、入力済みで保存したプログラムがなくなる心配はありません。

　それと、そろそろプログラムの入力作業にも慣れてきたと思います。VBAの入力支援も利用してみてはどうでしょうか？　図に一例を示します。`Dim` 文で変数 **a** に整数型を宣言する際に、**in** と入力した時点で示される候補に `Integer` が示されています。上下のカーソルで選んで Enter キー（リターン）を押せば、残りの「teger」は入力しないで済みます。

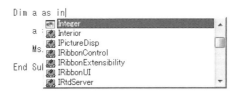

　いずれにせよ、入力作業には王道はありません。プログラムがパソコンに何をさせようとしているのかを考えながら入力を行うとよいのではと思います。楽しく遊ぶには、努力も必要です。頑張りましょう。

5-4　条件分岐の使い方1（条件式の書き方）

　動きがわかったところで、`If` と `Then` の働きを詳しく説明します。 なお、`If` で始まる文を **If 文**と呼びます。`If` だけでなく先頭の命令語に**文**を付けて呼ぶ方法を覚えておいてください。
　さて、**条件を満たす場合に処理する内容が変わる**ことを**条件分岐**といい、`If` の後に書かれた式を**条件式**と呼びます。 条件式が満たされていれば、 コンピューターは `Then` から後に書いて

いる処理を実行し、満たされなければ次の行に進みます。

　条件式の書き方ですが、一般的によく使われるのは、変数の値と数値とを比較します。今回の例のように、判別式の値が入っている変数 d が負の値になっている、つまり d が 0 より小さいときには実数解はない場合の処理を行うわけです。このとき、比較するのは 0 のような数字でも、あるいは変数でもかまいません。

　よく使う条件式の書き方を表にしてみました。

条件の内容	条件式
a と b が等しい	a=b
a と b は等しくない	a<>b
a は b より大きい	a>b
a は b 以上	a>=b
a は b より小さい	a<b
a は b 以下	a<=b

　変数 d の代わりに計算式をそのまま書いて、

```
b * b - 4 * a * c < 0
```

としても同様に動きますが、あまり条件式が長くなるとデバッグが必要になったときにバグの有無がわかりにくくなるので、計算結果を代入した変数を使うなどして簡潔に短くなるようにしましょう。

　また、プログラムを作っていると複数の条件を使わなくては判断できないことも、往々にしてあります。たとえば、整数型の変数 x をサイコロの目の数を示す変数として使おうとすると、1 以上かつ 6 以下という条件になります。入力された x がサイコロの目の数として正しいかを判断するには、`x >= 1` と `x <= 6` が同時に満たされている必要がありますが、これを条件式にすると次のようになります。

```
x >= 1 And x <= 6
```

　2 つの条件を And（かつ）でつなぐと、**同時に満たすとき**という条件式になります。

　別の例として、サイコロの目が 1 か 4 が当たりになるという場合を考えてみます。`x = 1` と `x = 4` のいずれかが満たされていることを条件式にすると次のようになります。

```
x = 1 Or x = 4
```

　2 つの条件を Or（または）でつなぐと、**いずれか一方の条件を満たす**ときという条件式になります。

第5日 判断をさせてみる（条件分岐）

これらを組み合わせて、「yが100以上であり、xが20以上または10未満の場合」といった複雑な条件式も次のように書くことができます。

```
y >= 100 And ( x >= 20 Or x < 10 )
```

5-5 条件分岐の使い方2（Ifブロックの考え方）

次に、Then以降の処理についての説明です。条件式を満たしたThen以降の処理は、必ずしも1つということはありません。今回のプログラムでも、メッセージを出力して次の行にいくと、Sqr関数の計算をしてしまうので、負の数であるDが引数となりエラーになってしまいます。

そこでMsgBoxで出力をしたら、そこでプログラムの実行を止めてしまうためにEndを実施します。Endは、**プログラムを終了させる**処理をします。1行で2つ以上の処理を続けて行わせるには、それぞれの処理を順番に：（コロン）で区切ってつなぐことができます。

VBAでは相当に長い行を書くことができます。その一方で、プログラムが読みにくくなるため、長々と多くの処理を：でつないで書くことは、お勧めできません。そこで、条件分岐をした後の処理が多い場合には、次のように対応します。

```
Dim a As Single
Dim b As Single
Dim c As Single
Dim x1 As Single
Dim x2 As Single
Dim d As Single

    a = InputBox("ax^2+bx+c=0 " & Chr(10) & "aを入力してください")
    b = InputBox("ax^2+bx+c=0 " & Chr(10) & "bを入力してください")
    c = InputBox("ax^2+bx+c=0 " & Chr(10) & "cを入力してください")

    d = b * b - 4 * a * c

    If d >= 0 Then

        x1 = (-b + Sqr(b * b - 4 * a * c)) / (2 * a)
        x2 = (-b - Sqr(b * b - 4 * a * c)) / (2 * a)
        MsgBox "x = " & x1 & " , " & x2

    End If
```

End Ifというのが新しい言葉です。

Ifの条件式が、変数dが0以上の場合となっていて、先のプログラムと逆になっています。

5-5 条件分岐の使い方2（Ifブロックの考え方）

この場合は2つの解を求めて`MsgBox`で出力することになっています。計算式も、長いものが2つになります。また、`MsgBox`も2つの変数を出力しますので、長くなります。

プログラムを見ると、前のプログラムの`If`文では`Then`に直接続いていた処理が、次の行から並んでいます。`Then`の後ろには何も書かれていません。

このように、**`Then`の後に何も書かれていない場合は、次の行から書かれた処理を順番に実行します。** そうなるとどこまで実施すればいいのかがわからなくなるので、`If`文で条件分岐した場合の処理はどこまでかを示す必要があります。それを示すのが`End If`です。

このプログラムでは`End If`の後には何も書いていないので、プログラムはそこで終了します。したがって、`d`が負の数の場合は何もしないで終了しエラーにはなりませんが、終了しただけで何が起こったのかはわかりません。

そんなときのために`Else`が準備されています。

```
Dim a As Single
Dim b As Single
Dim c As Single
Dim x1 As Single
Dim x2 As Single
Dim d As Single

    a = InputBox("ax^2+bx+c=0 " & Chr(10) & "aを入力してください")
    b = InputBox("ax^2+bx+c=0 " & Chr(10) & "bを入力してください")
    c = InputBox("ax^2+bx+c=0 " & Chr(10) & "cを入力してください")

    d = b * b - 4 * a * c

    If d >= 0 Then

        x1 = (-b + Sqr(b * b - 4 * a * c)) / (2 * a)
        x2 = (-b - Sqr(b * b - 4 * a * c)) / (2 * a)
        MsgBox "x = " & x1 & " , " & x2

    Else

        MsgBox "実数解なし"

    End If
```

else（その他）という意味からも推測できますが、条件式を満たさない場合は`Else`の次の行からの処理が行われます。条件式を満たした場合の処理は`Else`の前の行までとわかりますので、`End If`は不要になります。ただし、`Else`以降の処理の切れ目が必要になりますのでそちらに`End If`を書きます。

つまり、`If`文で`d`が0以上の条件式を満たすときは、実数解を計算して出力するという処

第5日 判断をさせてみる（条件分岐）

理をし、負の数の場合は **Else** 以下の処理として「実数解なし」とメッセージを出力して終了するわけです。このように、**If** 文で始まって **End If** で終わる一連の条件式での場合分けによる処理の塊を、**If ブロック**といいます。

さて、ここまでくると欲が出てきます。重解の場合は解を1つだけ出力させることができると、3つの状況すべてに対応したことになります。また、今は「実数解なし」とメッセージを表示していますが、虚数解も出力できると完璧です。

5-6 二次方程式プログラムの完成

次はそこまで対応したプログラムです。

```
Dim a As Single
Dim b As Single
Dim c As Single
Dim x1 As Single
Dim x2 As Single
Dim d As Single

    a = InputBox("ax^2+bx+c=0 " & Chr(10) & "aを入力してください")
    b = InputBox("ax^2+bx+c=0 " & Chr(10) & "bを入力してください")
    c = InputBox("ax^2+bx+c=0 " & Chr(10) & "cを入力してください")

    d = b * b - 4 * a * c

    If d > 0 Then

        x1 = (-b + Sqr(b * b - 4 * a * c)) / (2 * a)
        x2 = (-b - Sqr(b * b - 4 * a * c)) / (2 * a)
        MsgBox "x = " & x1 & " , " & x2

    ElseIf d = 0 Then

        x1 = -b / (2 * a)
        MsgBox "x = " & x1 & " (重解)"

    Else

        x1 = -b / (2 * a)
        x2 = Sqr(-d) / (2 * a)
        MsgBox "x = " & x1 & "±" & x2 & "i (虚数解)"

    End If
```

5-6 二次方程式プログラムの完成

　ここで新しく登場したのが `ElseIf` です。最初の `If` 文での条件式は `d` が正の数の場合です。これを満たせば2つの実数解を計算し、出力します。この条件を満たしていないのは `d` が0か負の数の場合ですが、その状態で `ElseIf` に処理が移ります。`ElseIf` 文では `If` 文での条件式を満たさなかった場合に、新たな条件式により条件分岐をします。

　`ElseIf` 文では `d = 0` で重解を持つ場合に条件式を満たすことになります。その場合は `If` 文と同様に `Then` の次の行からの処理が行われます。最初の `If` 文の処理は `ElseIf` で切れるのがわかりますので、`End If` は不要です。

　なお、`ElseIf` 文はいくつ使ってもかまいません。条件が複雑な場合は、うまく使うことでスッキリと処理することができる便利な機能です。ただし、順番を間違えると正しく条件分岐しないので、しっかり条件を整理するようにしましょう。

　さて、最後に残った `ElseIf` の条件を満たさない、つまり残っている `d` が負の数の場合ですが、`Else` 文に続く行からの処理が行われ、切れ目は `End If` で示されます。

　今回は虚数解の計算をします。`d` は負の数なのでマイナスを付けて（つまり正の数にして）`Sqr` 関数で計算し、出力の際に「i」を付けて虚部であることを示しています。変数 `x1` を実部に、`x2` を虚部に流用していますが、`Dim` で専用の変数を宣言してもかまいません。最初のプログラムの実行例で、3番目の二次方程式の係数（`a` に1、`b` に2、`c` に3）を入れた場合の出力結果です。

　なお、`If` ブロック部分は、例示したプログラムのように適当に行頭にスペースを入れて見やすくしておくと、後で修正したり、エラーがあったときの対応がしやすくなりますので工夫してみてください。行頭にスペースを入れたり、行間を空けてもプログラムの実行には影響しません。

　ところで、先に条件式は長くない方がよいと説明しましたが、このプログラムのように何度も同じ `d` を使って条件分岐をするような場合も、1回だけ計算しておけば何度でも `d` を使えますので便利です。また、書き間違いによるエラーも防止できることが、おわかりと思います。

　以上で、二次方程式の判別式で場合分けされる3つのケースに自動的に対応して、解を計算して出力するプログラムができました。やれやれということですが、実はこのプログラムには致命的な欠点（バグ）が残っています。それについては、明日、解決することにします。しばしお待ちください。

第6日 繰り返し計算をさせてみる（ループ）

条件分岐を行えるようになると、コンピューターを使っているという気分になってきます。本日紹介する繰り返し計算ができるようになると、もっと実感できるようになると思います。

まずは、繰り返し計算を学ぶための「鉄板プログラム」です。整数を入力して1からその数までの総和を求めるプログラムです。

6-1　ある数までの総和を求めるプログラム（For-Next ループ）

```
Dim i As Integer
Dim s As Integer
Dim n As Integer

    s = 0

    n = InputBox("どこまでの総和を求めますか")

    For i = 1 To n

        s = s + i

    Next i

    MsgBox n & "までの総和は" & s
```

実行させると「どこまでの総和を求めますか」と、**InputBox**で聞いてきますので10を入れてみます。

第6日 繰り返し計算をさせてみる（ループ）

100 を入れてみます。

等差数列の和の公式で**初項** 1、**公差** 1 の場合となる

$$S = \frac{n(n+1)}{2}$$

を使えば正しいことはすぐにわかります。他の数でも試してみてください。

このプログラムに新しく出てきた単語は、**For, To, Next** です。

```
For i = 1 To n
    s = s + i
Next i
```

この **For** は「〜のために」という意味ではありません。期間を表す **For** です。たとえば、「It has been raining for three days. (3日間雨が降り続いている)」という英文で「3日間」の「間」を意味する **For** です。

VBA での使い方ですが、**For** の行と **Next** の行の間の処理を繰り返し実行します。**For** の行には、変数 i が 1 To n の期間と指示してあり、i が 1 から n までの間、1 つずつ増えて処理を繰り返します。この場合、1 を**初期値**、n を**最終値**といいます。

n は事前に **InputBox** で入力しますが、ここでは説明のため 10 が入力されていると思ってください。プログラムが最初にこの行にくると、i は初期値の 1 として取り扱われます。ですから、s = s + i の計算式では s に 1 を加えた結果を元の s に代入します。その次に **Next i**

6-2 数値積分による円周率πの計算プログラム（For-Nextループ）

とあります。これは、次の`i`つまり`i`は2になって、`For`文に戻り今度は`s`に2を加えたものを`s`に代入します。そして再び`Next`文にくると、次の3になって`For`文に…という具合に処理を繰り返します。`Next`で`i`が11になると、最終値の`n`（ここでは10）を超えてしまいましたので、もう`For`文には戻らずに次の行に処理が移ります。

なお、このように使われる変数を**カウンタ変数**といい、繰り返し処理のことを**ループ**（Loop）と呼びます。後述しますが、ループを作る方法はほかにもありますので、`For`文を使ったループを特に`For-Next`ループと呼ぶこともあります。

今の説明でカウンタ変数`i`は1ずつ増えましたが、この増え方（**刻み値**）を指定することもできます。それには`Step`を使います。2ずつ増えるようにするには、

```
For i = 1 To n Step 2
```

とします。この`Step`による指定がない場合は、自動的に1となります。もちろん整数でなくともかまいませんし、負の数にすれば`i`が減るようなループも作れます。

まとめると、以下のようになります。

```
For  カウンタ変数 = 初期値 To 最終値 Step 刻み値
   (処理)
Next カウンタ変数
```

さて、このような`For-Next`ループを使うときに大切なことは、カウンタ変数を処理で参照したり、代入に使うのはよいのですが、**カウンタ変数そのものに数値の代入をして変更することは避ける**ということです。あえてカウンタ変数を変更し、変わった制御を行うテクニックもないわけではありません。しかし、**ループを抜け出すことができなくなるようなエラーの原因**になりかねません。

それでは、`For-Next`ループを使った次のプログラムを見てみましょう。

6-2 数値積分による円周率πの計算プログラム（For-Nextループ）

少し長いプログラムですが、**数値積分**の1つである**台形公式**を使って、半径1の円の面積、つまり円周率πを求めるプログラムです。

```
Dim n As Single
Dim h As Single
Dim x1 As Single
Dim x2 As Single
Dim y1 As Single
Dim y2 As Single
```

第6日 繰り返し計算をさせてみる（ループ）

```
Dim s As Single
Dim pi As Single

    s = 0

    n = InputBox("いくつに分割して計算しますか")
    h = 1 / n

    For x1 = 0 To 1 - h Step h

        x2 = x1 + h
        y1 = Sqr(1 - x1 * x1)
        y2 = Sqr(1 - x2 * x2)
        s = s + (y1 + y2) * h / 2

    Next x1

    pi = s * 4

    MsgBox "π = " & pi
```

円を小さな台形に区切ってそれぞれの面積を計算し、それを足しあげて円の面積を求める計算方法です。小さな台形の数が多いほど正確に面積を計算できますが、その分、計算量が増えてしまいます。こういう処理は、コンピューターのお得意様です。

$$f(x) = \sqrt{1^2 - x^2}$$

として次の台形公式により面積を求めます。

$$\text{台形公式} \quad \sum_{k=0}^{n-1} \frac{f(x_k) + f(x_{k+1})}{2} h, \quad h = \frac{b-a}{n}$$

さてプログラムを見ると変数が多く一見複雑ですが、落ち着いて見直すと、すべてこれまでに説明が終わっていることばかりです。

解説の前に、何はともあれ実行してみましょう。最初に100分割です。

6-2 数値積分による円周率πの計算プログラム（For-Next ループ）

この結果では、小数点以下 2 桁まで合っています。

Help Desk!!

実行したらパソコンが動かなくなりました！

　ループ（繰り返し計算）を使うプログラムを実行したら、パソコンが動かなくなってしまうことがあります。バグのためにループを抜け出せなくなってしまうのです。これを**無限ループ状態**ということがありますが、まずは止めないことにはバグを修正することもできません。こういう状態になったら、Ctrl キーを押しながら Break キーを同時に押します（以後、Ctrl+Break と書きます）。

　画面には次のウィンドウが現れます。「デバッグ (D)」か「終了 (E)」を選びます。「デバッグ (D)」を選ぶとプログラムを中断した状態で、「終了 (E)」を選ぶと完全にプログラムを終了した状態でプログラムの修正ができます。

　両者の違いはわかりにくいのですが、中断している状態では変数の値などが残っているのでエラーの原因が見つけやすいという利点があります。プログラムを修正した後で、中断した状態から実行を開始します。ですから、修正の内容によっては中断した状態から実行できないこともあり、その場合は警告が出ます。一方、終了した状態では、プログラムの修正後は最初の状態から実行しますので、こういった警告が出るようなことはありません。

　どちらを選ぶかは状況次第ですが、とりあえず初心者の方は「終了 (E)」を選んでおけばよいのではと思います。

　なお、Ctrl+Break でプログラムが止まらないときですが、Ctrl+Alt+Del でタスクマネージャーを起動して Excel そのものを終了させます。この場合は、プログラムが失われる可能性がありますので、プログラムを実行する前にはファイルを保存する習慣をつけましょう。

第6日　繰り返し計算をさせてみる（ループ）

次にもう少し分割数を増やしてみます。

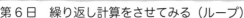

1000分割すると、小数点以下5桁まで合っていますし、6桁目も2が1になっているだけです。たったこれだけのプログラムで円周率が計算できてしまいます。

動きがわかったところで、いつものようにプログラムを確認していきます。ここでは、台形公式を知らない方のために復習しながら説明をしていきます。

半径1の円の式は $x^2+y^2=1$ ですので、x がわかれば y は計算できます。この円を均等な幅 h の台形に区切って計算し足し合わせます。なお、x, y とも正の数の範囲としますので、以下の扇形の面積を計算していることになります。円の面積はこの扇形の面積を4倍すれば求められます。

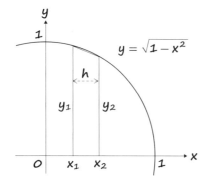

※ x_1 などはプログラムでは **x1** などのように対応しています。

台形に分割する数を n とすれば、台形の幅 h は $1/n$ になります。プログラムでは次のようになっています。

6-2 数値積分による円周率πの計算プログラム（For-Nextループ）

```
n = InputBox("いくつに分割して計算しますか")
h = 1 / n
```

　x1 は 0 から始まって 1 - h まで h ずつ増えます。x2 は x1 より h だけ大きな値になります。x1 が 1 になると、x2 が円の外にはみ出すので、注意してください。x1 の最終値は 1 ではなく 1 - h です。

　以上を踏まえ、For のカウンタ変数が x1 になり、初期値が 0、最終値が 1 - h、刻み値が h になります。x2 は x1 に h を足して計算します。

```
For x1 = 0 To 1 - h Step h
    x2 = x1 + h
```

　台形の面積は（上底＋下底）×高さ÷2 ですから、図に示すように x1 と x2 がわかれば、x1 から y1 = Sqr(1 - x1 * x1) に、x2 からは y2 = Sqr(1 - x2 * x2) になり、分割した台形の面積は (y1 + y2) * h / 2 となります。**この面積は元々はカウンタ変数 x1 から計算して導かれたものである**ことに注意してください。

　整数 n までの総和を求めるプログラムでは、変数 s にカウンタ変数 i の値を s = s + i として足し合わせましたが、今回も同じようにしてカウンタ変数 x1 から計算した面積 (y1 + y2) * h / 2 を s に足し合わせています。このような**総和を求める方法**はよく使いますので、覚えておきましょう。

```
y1 = Sqr(1 - x1 * x1)
y2 = Sqr(1 - x2 * x2)
s = s + (y1 + y2) * h / 2
```

　台形の計算が終わると、次の台形の計算を x1 が最終値になるまで繰り返します。

```
Next x1
```

　ループが終わった時点で、計算した台形の面積を足し合わせた s は円の四分の 1 の面積になっています。したがって、s を 4 倍したものが円の面積になります。半径が 1 なので円の面積が π になります。

```
pi = s * 4
```

　以上でこのプログラムの確認は終了です。正しく π の値も計算できていますので、間違いはなさそうです。

第6日 繰り返し計算をさせてみる（ループ）

このプログラムでまったく問題はないのですが、次のようなプログラムも可能です。

```
Dim i As Integer
Dim n As Single
Dim h As Single
Dim x1 As Single
Dim x2 As Single
Dim y1 As Single
Dim y2 As Single
Dim s As Single
Dim pi As Single

    s = 0
    x1 = 0

    n = InputBox("いくつに分割して計算しますか")
    h = 1 / n
    x2 = h

    For i = 1 To n

        y1 = Sqr(1 - x1 * x1)
        y2 = Sqr(1 - x2 * x2)
        s = s + (y1 + y2) * h / 2

        x1 = x1 + h
        x2 = x2 + h

    Next i

    pi = s * 4

    MsgBox "π = " & pi
```

　これはカウンタ変数を **x1** の値を増やすのに使うのではなく、分割した台形の順番を数えるのに使っています。
　最初に **x1 = 0, x2 = h** から計算が始まり、その次の台形になると **x1, x2** はそれぞれ **h** 増加します。これを **n** 回繰り返すと計算が終わります。結果はまったく同じになりますので、確認をしておいてください。
　同じことをするのに別の方法があるということを知っておくのは、よいことです。個人的には、最初のプログラムよりもカウンタ変数が整数型になる後者の方が好みです。刻み値が小数になると、最終値がずれてしまう可能性があるからです。

6-3 数値積分による円周率πの計算プログラム（While-Wendループ）

次は、For-Next文以外のループを作るプログラムです。

```
Dim n As Single
Dim h As Single
Dim x1 As Single
Dim x2 As Single
Dim y1 As Single
Dim y2 As Single
Dim s As Single
Dim pi As Single

    s = 0
    x1 = 0
    
    n = InputBox("いくつに分割して計算しますか")
    h = 1 / n
    x2 = h
    
    While x2 <= 1
    
        y1 = Sqr(1 - x1 * x1)
        y2 = Sqr(1 - x2 * x2)
        s = s + (y1 + y2) * h / 2
        
        x1 = x1 + h
        x2 = x2 + h
        
    Wend
    
    pi = s * 4
    
    MsgBox "π = " & pi
```

新しい単語は **While，Wend** です。**While** は「〇〇の間」という意味です。**Wend** は **While** の終わり（end）という意味です。

While の後ろに **x2 <= 1** とありますが、これは**条件式**です。書き方は **If** 文と同じです。**If** 文の場合は、条件式が満たされている場合は **Then** 以下の処理を行いました。**While** 文の場合は、条件式が満たされている間は **Wend** までの処理を繰り返します。

x1 = 0，x2 = h で始まった計算を、**x1** と **x2** とに **h** を加えながら **x2** が 1 以下の間繰り返します。**x2** に **h** を加えて 1 を超えると、すべての台形の計算が終了したことになるので、**Wend**

第6日 繰り返し計算をさせてみる（ループ）

で判定して次の行に処理を移します。

For-Next 文が**回数を指定**するのに対し、While-Wend 文は**条件を指定**してループを作ります。

6-4 平方根の計算（ニュートン法）

次に While-Wend ループを使って、ニュートン法による**平方根**の計算をするプログラムを作ります。$y = x^2 - a$ のグラフと x 軸との交点の x 座標が $\sqrt{a}$ になることを利用します。

ニュートン法は、x 座標の初期値 x を適当にとって、その値に相当する関数のグラフ上の点を通る接線と x 軸との交点を次の x にし、これを繰り返すことで x 軸とグラフとの交点を計算するための方法です。

関数が $y = x^2 - a$ の場合は図に示したとおりで、初期値を b_1 とするとグラフ上の点が $(b_1, b_1^2 - a)$ となり、この点を通る接線の傾きは微分により $2b_1$ になりますから、接線と x 軸との交点 b_2 は VBA の数式で書くと、

```
b2 = ( a + b1 ^ 2 ) / ( 2 * b1 )
```

となります。これを新しい b_1 として計算を繰り返し、b_1 と b_2 が同じ値になったところ（**収束**といいます）で計算を終了します（とりあえず b_1 から b_2 を計算する式を受け入れてもらえるなら、この説明は読み飛ばして結構です）。この例のように、**計算を繰り返す回数が最初にわかっていない場合**には、For-Next ループよりも While-Wend ループの方が適しています。

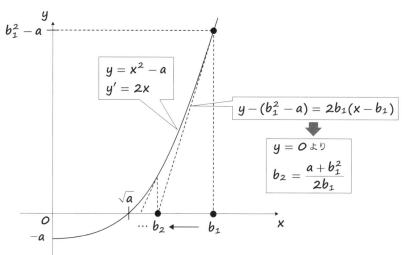

※ b_1 などはプログラムでは b1 などのように対応しています。

6-4 平方根の計算（ニュートン法）

もちろん、b_1 と b_2 が収束して同じ値になったとしても、求める平方根が小数点以下の数字が無限に続く無理数ならば正確な値ではありませんが、VBA の変数の精度の範囲内では一応十分なものとします。

以上をプログラムにしたものを示します。

```
Dim a As Double
Dim b1 As Double
Dim b2 As Double
Dim c As Double
    a = InputBox("平方根を計算する数を入力してください")

    b1 = a / 2
    c = b1

    While c <> 0
        b2 = (a + b1 * b1) / (2 * b1)
        c = b1 - b2
        b1 = b2
    Wend

    MsgBox "√" & a & " = " & b2
```

ニュートン法の説明の図に比べて、呆気ないほど簡単なプログラムになりました。b2 を b1 から計算する方法を導くのはたいへんでしたが、結果だけを利用するのはたいしたことではないのです。

変数はすべて倍精度浮動小数点型を使っています。なるべく高い精度で計算するためです。平方根を求めたい数字を変数 a として InputBox で入力した後に、変数 b1 の初期値を a / 2 とし、変数 c の初期値を b1 としています。b1 の初期値は a の 1/2 ですが、これが 1/3 でも 1/4 でもかまいません。別の数字で同じ結果になることを試してみてください。

また変数 c は b1 と b2 の差です。これも初期値は 0 でなければ何でもよいので、とりあえず b1 と同じ値にしているだけです。こちらも別の数字で試してみてください。

次の While-Wend ループですが、条件式は変数 c が 0 でないということですので、b1 と b2 に差がある間は Wend との間にある処理を繰り返すことになります。処理の内容は、b2 を b1 から計算し、c に b1 と b2 の差を代入し、b1 に b2 の値を代入するというものです。

c が 0 になれば収束しているとみなして、Wend の次の行からの処理を行い、0 でなければ新しい b1 について同じ処理を繰り返すことになります。Wend の次は MsgBox で結果を出力し、終了となります。MsgBox による表示もわかりやすく工夫しているので参考にしてください。

このプログラムを実行した例です。

第6日　繰り返し計算をさせてみる（ループ）

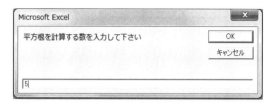

　5を入力したところ、$\sqrt{5}$の結果が出力されました。倍精度浮動小数点型を使っているので、この程度の桁数で計算結果が出ました。

　問題が1つあります。aに負の値が入力されてしまうと、パソコンが止まってしまいます。Help Deskや付録1に書いておきましたが、ループ内でエラーが発生するとパソコンが反応しなくなることがあります。こういうときは、Ctrlキー押しながらBreakキーを押すと回復します。

　このような事態を避けるためには一工夫必要です。While-Wendループの応用ですが、While-Wendループ内でaの入力を行うようにし、条件式をa < 0にしておくと、aが負の値のときはInputBoxでの入力を繰り返すようにできます。ただし、Whileに入るときにaが0のままだと、入力しないでWendで抜けてしまうので、aの初期値として適当な負の数を代入しておきます。以下はこのような工夫をして改良したものです。

```
Dim a As Double
Dim b1 As Double
Dim b2 As Double
Dim c As Double

    a = -1

    While a < 0
        a = InputBox("平方根を計算する数を入力してください")
    Wend

    b1 = a / 2
    c = b1

    While c <> 0
        b2 = (a + b1 * b1) / (2 * b1)
        c = b1 - b2
```

6-4 平方根の計算（ニュートン法）

```
        b1 = b2
    Wend

    MsgBox "√" & a & " = " & b2
```

さて、前日の終わりで、二次方程式のプログラムには致命的なバグがあると記述しました。ここで種明かしです。実はバグは次の行にあります。

```
    a = InputBox("ax^2+bx+c=0 " & Chr(10) & "aを入力してください")
```

どこがバグなのでしょう。正確に動きますので、何も問題はないように思われます。もしも、**InputBox** で 0 を入力したらどうなるでしょう。問題のない二次方程式が入力されることを無意識に確定して問題を取り扱っていましたが、プログラムを実行した人がまったく予想もしない文字を入力することがあります。

この場合、a が 0 になると二次方程式にならないばかりでなく、計算式に a で割り算をするところが何か所もあるので、エラーになってしまいます。これが致命的なバグということです。

解決方法として、メッセージに「0 は入力しないでください」と表示することが考えられます。しかし、メッセージでお願いしても、0 を入れようと思えば 0 を入れる人は入れるでしょう。やはり 0 が入力できないように、何らかの対応をとることが必要です。

このために、先の例と同様に **While-Wend** が活躍します。

```
While a = 0
    a = InputBox("ax^2+bx+c=0 " & Chr(10) & "aを入力してください")
Wend
```

While a = 0 ということは、0 を入力した場合は **a = 0** という条件式が満たされていますので、**Wend** にはさまれた **a** の入力が再度求められます。つまり、**a** に 0 以外の値を入力しないとループを抜け出せず、延々と **a** の入力が求められることになります。

意地悪く思われるかもしれませんが、入力される情報に条件がある場合は、エラーが出たり、誤った結果が出力されるよりも、事前にそれをチェックするのが親切というものです。このようにループを作るだけでなく、入力した値のチェックにも **While-Wend** は使えますので、ほかにもいろいろな応用方法を考えてみてください。

第6日 繰り返し計算をさせてみる（ループ）

COLUMN

プログラムと将棋

プログラムと将棋は似ているところがあります。駒の一つひとつの動きがわかっているだけでは、到底「将棋」にはなりません。それと同じく、各命令文の働きは知っていても、すぐにプログラムが書けるようにはなりません。

他人の対局を観たり、実際の対局を繰り返すことで、だんだんと作戦を覚え、駒の連携や協力を図ることができるようになるのです。プログラムも同じで、いくつかの王道と呼ばれるプログラムを理解し、実際に入力して実行してみることで、命令文の使い方や処理のパターンが身につきます。

大切なことは、「なぜそうなるのか」を考え過ぎないことです。金将が斜め後ろに動けない、桂馬が後ろに跳ねない、香車が横に動けいない…これをなぜなのかと考える人はほとんどいないと思います。しかし、どういうわけかプログラムの場合は、「どうしてIf文を使うと条件分岐をするのか？」ということを悩み始める人がいます。

本来悩むべきことは「なぜそうなるのか？」ではなく、「こういう便利なものがあるので、どうやって使おうか？」ということのはずです。

また、将棋では二歩や打ち歩詰めは反則ですし、駒を飛び越えることはできません。こんなルールがなければ勝てるのに、と（一時的にはともかく）悩む人もいないと思います。しかし、なぜかプログラムの場合は、こういうことができないのはパソコンが悪い、と思考停止してしまう人がいます。将棋ならば、ルールの中で何とか勝てる手を考える努力をするのに、パソコンだとルールの変更を求めて止まってしまうのです。

以前に比べるとユーザーの声を反映してでしょうか、VBAの命令文は数も増え便利な機能も強化されています。しかし一方で、複雑化して覚えるのがたいへんになっています。将棋も昔は大将棋というものがあって、29種類の駒が15×15のマス目でゲームをしていたといいますが、駒の動きを覚えるだけで一苦労したのではないでしょうか？（現在の将棋は駒が8種類で9×9のマス目）

いずれにせよ、ルールや命令語の追加を求めるよりは、行わせようとしている処理そのものを、既存の命令語や構文で処理できるように整理することが現実的です。

If文では条件文を満たすか満たさないかで2つに分岐しますが、二次方程式では判別式Dで、2つの実数解、重解、虚数解の3つに分岐します。If文が3つに分岐しないからできない…ではなく、2つのIf文を順番に使って、Dが正の場合とそうでない場合でIf文で分岐し、そうでない場合をDが0の場合と負の場合で次のIf文で分岐して処理をするように工夫するわけです（VBAには条件で多分岐する命令語がありますが、今はたとえなので考えないことにします）。

限られた条件のもとで、そんな工夫をすることや考えることを楽しみと感じることができるかどうかが、VBAで遊べるかどうかの必要条件のような気がしますし、きっと将棋が強い人も同じだと思います。

だからというわけではありませんが、将棋が趣味として社会的に認知されているのであれば、プログラムも同様に趣味になりうる、というのはいささか強引でしょうか？

第7日

一次元の配列を使う

ここまでで、相当にコンピューターらしい計算処理をパソコンに行わせることができるようになりました。本日は、一次元の配列を使って素数を計算で求めてみます。

素数とは1と自分自身でしか割り切れない数で、2, 3, 5, 7, 11といった数が素数です。ある数が素数か素数でないかは、その数の平方根以下のすべての素数で割ってみて、割り切れなければ素数です。つまり、素数の計算に素数が必要になるので、そもそも素数がわからない状況では計算できません。そこで小さい素数から順に計算し、その結果を利用してさらに大きな素数を見つけていく方法を使います。

たとえば、2と3が素数であることを利用し、3の次の候補である5を調べてみます（偶数は2の倍数なので奇数だけが素数の候補になります）。5は2で割り切れず、5の平方根は2.2360679…なので、これで5は素数と判定されます。次の7も2で割り切れず、平方根は2.64575…なので素数です。9は2で割り切れませんが、平方根が3なので3まで調べると割り切れるので素数ではありません。これを繰り返せば、素数を小さい方から順に見つけることができます。2や3は差し詰め素数の「種」のようなものです。

このようにして見つけた素数を自由に呼び出して使うために便利なのが、配列という機能です。

7-1 配列とは？

まずは配列についての説明です。配列とは変数を大量に使えるように考えられたものです。それだけなら、**Dim**でいくらでも宣言すれば可能だと思われるかもしれません。たとえば、二次方程式のプログラムでは、2つの実数解を変数 **x1** と変数 **x2** に代入していました。この要領で、**x3, x4, x5,** …と変数を宣言して使えばよさそうに思います。

しかし、この方法では1番目の **x1** という変数を使うときと2番目の **x2** を使うときは、別々の行で処理しないといけません。また、何番目の変数 **x** を使うのかを数字で示されるときは何とかなりますが、変数の値で指定するような場合はお手上げです。

そこで **x1, x2, x3** ではなく、変数名の後ろに（ ）を付けて、ここに入る数で変数を区別して使えるようにしたのが**配列**です。**x(1), x(2), x(3)** という具合に書きます。

第7日　一次元の配列を使う

( ) 内には数字だけでなく、変数や数式も書き込めます。たとえば、x(n) で n = 1 だと x(n) は変数 x(1) として使うことができます。また、n = 3 とすれば x(n) は x(3) として使えます。

具体的な例を見てみます。次のプログラム1とプログラム2は実行させると、まったく同じことを処理します。3つの整数を入力して、それを順番に出力します。それができるなら配列は不要かと思われるかもしれませんが、変数を3つではなく4つ、あるいは5つに増やすことを考えてみましょう。

プログラム1の場合は、変数 x4 と x5 とを追加するためには Dim, InputBox, MsgBox すべてに x4 と x5 の処理を行う行をプログラムそのものを修正して追加する必要があります。

プログラム2であれば、n = 3 を n = 5 と変更するだけです。さらにこの行を

```
n = InputBox("いくつのxを使いますか")
```

として、実行するときに n を入力させるようにすれば、プログラムの変更そのものが不要になります。

■プログラム1

```
Dim x1 As Integer
Dim x2 As Integer
Dim x3 As Integer

    x1 = InputBox("x1 ")
    x2 = InputBox("x2 ")
    x3 = InputBox("x3 ")

    MsgBox "x1 = " & x1
    MsgBox "x2 = " & x2
    MsgBox "x3 = " & x3
```

■プログラム2

```
Dim x(100) As Integer
Dim i As Integer
Dim n As Integer

    n = 3

    For i = 1 To n
        x(i) = InputBox("x" & i & " ")
    Next i

    For i = 1 To n
        MsgBox "x" & i & " = " & x(i)
```

```
    Next i
```

なお、プログラム2で

```
Dim x(100) As Integer
```

とありますが、`x()` の配列を `x(0)` から `x(100)` までの101個使うことができることと、整数型の変数であることを宣言しています。上記の宣言で100としていますが、`x(0)` も利用できることに注意してください。もちろん、必要に応じて `Dim` 文で100より大きくしても小さくしても問題ありません。ただし、宣言した数の配列を処理できるメモリをあらかじめ確保しますので、必要以上に大きな数を宣言しないようにしましょう。また、変数の型については、普通の変数と同じものがすべて使えます。また、配列に使った変数と同じ名前の変数、この例では `x` になりますが、これを ( ) なしで `x` 単独で使おうとするとエラーになりますので注意してください。

なお復習になりますが、プログラム2で

```
n = 3
```

としている行を、次のようにして、`n` を入力するようにできます。

```
While n <= 0 Or n > 100
    n = InputBox("いくつのxを使いますか")
Wend
```

`n` の入力の際に、`While-Wend` ループを利用して、入力する `n` に不適切な値が入力ができないようにしておく方法です。

配列の数を100と宣言していますので、入力できる数字は100までということになります。したがって、100を超える数を入力した場合、つまり `x(101)` などを使おうとした段階でエラーになります。配列としては `x(0)` は使えますが、プログラムでは `x(1)` から使っていますので、0では困ります。また、配列では `x(-1)` のように負の数も使えませんので、注意してください。`While-Wend` ループの条件式は、これらに対応しています。

配列 `x` は、このように ( ) 内に1つの数を指定して、別々の変数として使うことができます。このような配列を**一次元の配列**といいます。`Dim` のもとになった次元 (dimension) が出てきました。そうなると二次元、三次元の配列もあるわけですが、それは明日、出てきます。まずは、一次元の配列の使い方をしっかり覚えましょう。

7-2 素数を求めるプログラム（For-Next ループで作る）

配列の説明が一通り終わりましたので、さっそく素数を求めるプログラムを作ってみます。プログラムを見ながら配列の使い方を理解してください。

本日の最初に説明したように、小さな素数から順番に素数を見つけていくという方法をとります。一番小さな素数は 2 で、次は 3 です。偶数はすべて 2 の倍数なので、素数かどうかを判定すべき候補は奇数だけです。したがって、次の素数の候補は 3 に 2 を加えた 5 になります。

それを踏まえてプログラムを見ていきましょう。はじめに断っておきますが、これは古い形式の Basic のやり方で作っています。

```
Dim so(10000) As Long
Dim s As Long
Dim n As Integer
Dim i As Integer
Dim m As Integer
Dim lmt As Integer

    so(1) = 2
    so(2) = 3
    m = 2
    s = 5
    lmt = Sqr(s)

    n = InputBox("何番目の素数を表示しますか？")

10  For i = 2 To m

        If s Mod so(i) = 0 Then GoTo 30

        If so(i) > lmt Then GoTo 20

    Next i

20      m = m + 1
        so(m) = s

30      s = s + 2
        lmt = Sqr(s)

    If n > m Then GoTo 10

  MsgBox n & "番目の素数は" & so(n) & "です"
```

7-2 素数を求めるプログラム（For-Nextループで作る）

さっそく、最初の `Dim` で `so()` という配列を長整数型 `Long` で 10000 個予約しています。通常の整数型だと扱える最大の値が 32767 ですから、**オーバーフロー**する可能性がありますので、長整数型で約 20 億まで扱えるようにしておきます。この配列に素数を順番に入れていくことになりますが、種になる素数として変数の宣言の後で `so(1)` に 2、`so(2)` に 3 が代入されています。

その他の変数ですが、`s` が同じく長整数型で宣言されています。これは素数の候補となる数になりますので、`so()` と同じく約 20 億まで扱えるようにしています。整数型の変数 `m` は現時点でわかっている素数の数です。「素数の種」に 2, 3 の 2 つを準備したので、最初の `m` の値は 2 となります。整数型の変数 `lmt` は判定に使う素数の上限値です。これは候補となる数 `s` の平方根ですが、比較するのは整数の部分だけでよいので整数型にしてます。これより大きな素数で `s` を割り切れるかを調べる必要はありません。

次に、`n` を `InputBox` で聞いています。`n` として何番目の素数かを聞いていますが、今回使う素数の計算方法では、結果として `n` 番目までのすべての素数を計算することになります。これで下準備が終わったので計算を始めます。

小さな素数から順番に候補の数を割り切れるかを調べるので、繰り返しの処理になります。昨日、説明したループを使います。このプログラムでは **For-Next** ループを使います。ここで、復習しておきましょう。

```
For  カウンタ変数  初期値  To  最終値  Step 刻み値
    (Stepを省略すると刻み値は1)
```

でした。この `For` 文の行頭に 10 と書いてあります。これは**ラベル**といい、この行を参照するために使います。とりあえずここでは、そういうものが付いていると思ってください。ほかにも 20 や 30 もありますが、同じものです。

`For` に戻ります。カウンタ変数は `i`、初期値は 2、最終値は `m` です。`Step` は省略されていますので、刻み値は 1 です。

次に `If` 文があります。`s Mod so(i) = 0` という条件が満たされたら、`Then` 以降の行の処理をするという意味でした。`Mod` は剰余でした。`a Mod b` は `a` を `b` で割った余りになるので、これが 0 ということは割り切れるということです。

最初に `i` は初期値 2 で入ってきます。`so(2)` は 3 でした。小さな方から順番にということで、初期値 1 で `so(1)` の 2 からではないかと思われるかもしれませんが、候補となる数字は奇数になりますので、調べるまでもなく割り切れません。時間の節約のために 2 ではなく 3 から割り切れるかを調べるわけです。

条件式は `s Mod so(i)` の値が 0 ですので、候補の数が素数で割り切れたときということで、条件式を「候補 `s` が素数でないとき」と言い換えることができます。その場合何をするかというと、`Then` の後ろを見ると、新しい `GoTo` という言葉が出てきます。説明は不要でしょ

第7日　一次元の配列を使う

う。どこかへ行くということで、行き先は 30 となっています。

　ここでラベルの使い方がおわかりいただけるでしょう。`GoTo` の行き先を指定するのに使われます。候補の `s` が素数でないと判明したので、`For-Next` ループを抜け出して、`s` に 2 を加えたものを新しい候補の `s` とし、新しい `s` の `lmt` を計算します。

　次の `If` 文で n ＞ m、つまり素数を n 個見つけていなければ 10 に行くとなっています。候補が素数でないので、`m` はそのままですから、当然 10 へ行きます。ここから、新しい `s` が素数かを同様に調べるわけです。

　次に候補 `s` が `so(i)` で割り切れなかった場合です。`If` 文で、この `s(i)` が `lmt` より大きい場合は 20 に行くことになります。`lmt` 以下の場合は、`Next i` により次に大きな素数（`i` が1つ増えます）で `s` が割り切れるかを調べます。

　20 に行くときは、候補の `s` の平方根以下のすべての素数で `s` が割り切れなかった、つまり `s` が素数であることが判明した場合の処理となります。新しい素数を見つけたので現時点で見つかっている素数の数である変数 `m` が 1 増えます。増えた `m` 番目の素数 `so(m)` が新しく素数と判明した `s` になります。

　その後は `s` に 2 を加えて新しい候補にし、新しい `s` の `lmt` を計算します。この処理は `s` が素数でなかった場合と同じなので、共通の行を使って処理します。素数を見つけた場合は `m` が1増えていますので、`n` になったかどうかの `If` 文が意味を持っています。

　以上を繰り返し、順番に候補を調べて素数を見つけて、指定した n 個を見つけたら計算を止めて、`MsgBox` で結果を出力して終了します。

　それではプログラムを実行してみましょう。

　お馴染みの `InputBox` が出てきて何番目の素数まで計算するかを聞いてきますので、10000 を入れてみましょう。

　一瞬で計算結果が表示されます。

7-2 素数を求めるプログラム（For-Nextループで作る）

　答えが出たのはよいのですが、果たしてこれが合っているのかどうか不明です。そこで、インターネットで「1万番目の素数」として検索すると「104,729」とありました。正しく計算できているのが確認できました。

　さて、これはこれで正しいプログラムですが、気になるのはラベルです。計算方法が理解しやすいので GoTo とラベルを使ってプログラムを作成しましたが、一般的にプログラムを作成するときにラベルや GoTo を使うことは好ましくないこととされています。

　その理由は、本来プログラムは上から下に流れるように処理を進めるものなので、GoTo のようにこの流れをいきなり飛び越えて上下に処理を変更してしまうのはよくないと考えられています。また、ラベルが重複したり、なかったりしても、プログラムでは見つけにくいのでエラーの

Help Desk!!　エラーが出ますがやっぱりバグが見つかりません！

　以前にも同じような質問がありましたが、エラーが発生していると表示された行にバグ（ミス）が見つからないことがあります。

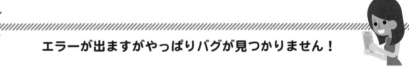

　この例では、エラーがあると表示されている `lmt = Sqr(s)` には、何度見てもエラーがありません。やっぱり VBA を疑いたくなりますが、やっぱりエラーは存在しています。そこでエラーの内容を読んでみると「変数が定義されていません。」と書いてあります。

　変数を定義しているのは Dim 文ですので、エラーの表示されている行にある変数 lmt の定義をしている Dim 文をチェックしてみると、lmt のはずが lmy になっていました。

　このように、エラーの原因は必ずしもエラー表示されている行にあるとは限りませんので注意しましょう。

　この例のように、たった1文字違うだけでプログラムはエラーになります。プログラムの入力は、スピードよりも正確な入力を心がけましょう。ブラインドタッチができても、ある程度慣れるまでは1文字ずつ確認しながら、確実に入力するのが無難ではないかと思います。

第7日 一次元の配列を使う

温床となりやすいこと、複数の人が共同で大きなプログラムを作る場合には、これらの問題が顕在化しやすいことが理由としてあげられています。

実は私もそうでしたが、VBAでは GoTo を使えないとの誤解が一部にあり、VBAの敷居を高くしている原因の1つではと思われます。しかし、今回お話したとおり、VBAでも GoTo は使えます。いずれにせよ、私たちは仕事としてプログラムを作っているわけではないので、それほど気にすることはないのではと思いますが、流行に沿って GoTo を使わないプログラムにしてみましょう。

7-3 素数を求めるプログラム（While-Wend ループで作る）

今度は While-Wend ループを使います。ある条件を満たしている場合に繰り返しの処理を行う方法です。ざっとプログラムを見てください。上から下に流れるように行が並んでいます。GoTo で無理矢理に別の行へ飛ぶようなことはしていません。

配列や変数の宣言、InputBox での n の入力などの下準備まではまったく同じです。

```
Dim so(10000) As Long
Dim s As Long
Dim n As Integer
Dim i As Integer
Dim m As Integer
Dim lmt As Integer

    so(1) = 2
    so(2) = 3
    m = 2
    s = 5
    lmt = Sqr(s)

    n = InputBox("何番目の素数を表示しますか？")

    While m < n

        i = 1

        While i < m

            i = i + 1

            If s Mod so(i) = 0 Then
             i = m
```

7-3 素数を求めるプログラム（While-Wendループで作る）

```
            ElseIf so(i) > lmt Then

             m = m + 1
             so(m) = s
             i = m

            End If

        Wend

    s = s + 2
    lmt = Sqr(s)

    Wend

MsgBox n & "番目の素数は" & so(n) & "です"
```

　最初の**While**文の条件式を見ると**m < n**、つまり見つけた素数の数が指定した数よりも少ない場合とあります。見つけた素数の数が指定した数に達するまで続けるという、わかりやすい条件の設定になっています。

　次の行で候補の数字を割る、小さな素数の番号になる**i**が**1**になっていて、これは**so(1)**が**2**なので**2**から開始するように見えますが、次の**While**文に入った段階で**i**には**1**が足されるので実際は**2**番目の**3**から始まります。もしも**2**から始めたいなら**i = 0**としておけばよいのです。

　この**While**文の条件式は**i < m**、つまり「候補の素数を割る素数の番号**i**が見つかった素数の数より小さい間」というものです。候補の**s**を、わかっているすべての素数で小さい方から順番に割り切れるかを調べるということです。

　次の**If**文は、前のプログラムと同じで候補が**so(i)**で割り切れた場合です。**Then**の後ろが空白の場合は次の行の処理をするのでした。**i = m**とあります。調べた素数の候補が素数でないことがわかったので、あとは調べなくても同じ、つまり全部調べましたということで**i**を**m**にしてしまいます。次の行は**ElseIf**文なので、**Then**の後の処理はここまでで**End If**に行きます。ここで**Wend**になるのですが、**i**が**m**になっているので**While-Wend**ループを抜けます。

　そうすると**s**に**2**を加えて次の候補とし、次の**s**の平方根を計算して**lmt**とします。最初の**While**文の相方の**Wend**がありますが、**m**は増えていませんので最初の**While**文に戻り同じ計算をします。ここは最初のプログラムで、

```
If n > m Then GoTo 10
```

として上のラベル**10**に戻ったのと同じですが、**While-Wend**のループとして自動的に戻ってい

第7日 一次元の配列を使う

ることに注意してください。

割り切れなかった場合ですが、こちらも最初のプログラムと同じく、`s`の平方根より大きな素数まで割ったかどうかを`ElseIf`文の条件式`so(i) > lmt`で調べます。`lmt`の方が大きい場合は`End If`の次の`Wend`に行きますが、`i`は`m`よりもまだ小さいので2番目の`While`文に戻ります。

`lmt`の方が小さいと、平方根以下のすべての素数で割り切れなかったということで、`s`は素数と判明するので`m`を1つ増やし、`so(m)`を`s`とするのは最初のプログラムと同じです。あとは調べる必要がないので全部調べたのと同じですから、割り切れたのと同様に`i`を`m`とします。

`End If`の次の`Wend`でループを抜けて新しい候補の`s`にするなどの処理は、割り切れた場合と共通の行を使うのも最初のプログラムと同じです。

これを繰り返して`m`が`n`になったところで最後の`Wend`によりループを抜け、結果を出力して終了します。

なお、このプログラムでは少し先走って、**`While-Wend`ループのネスティング**という方法を使っています。詳しい説明は第8日にありますので参照してください。

こちらも実行して、`InputBox`に10000を入れてみます。計算結果は当然ですが、同じ値が同様に一瞬で出力されます。

7-4 実行時間の測定

実際に実行してみると、一瞬で計算が終わるので本当に計算をしているのか心配になります。そこで処理時間を測定してみます。計算に入る直前の時刻を、計算が終わったときの時刻から引けば、計算に要した時間になります。

一瞬で終わってしまうので、秒単位では計測できそうにありません。こういう場合は`Timer`を使います。

具体的には次のような行をプログラム内のしかるべき位置に書き込みます。

7-4 実行時間の測定

```
(他の変数を宣言)
Dim st As Double
Dim en As Double
Dim tm As Double

    (変数の定義など)

    st = Timer

    (処理時間を計りたい処理)

    en = Timer

(結果出力など)

tm = en - st
MsgBox tm
```

開始時刻を変数 st、終了時刻を変数 en として、処理を挟んで適切な行で Timer から各変数に代入して記録しておきます。処理終了後の時間差を変数 tm として、en と st の差で計算します。最後に MsgBox で tm を出力させます。

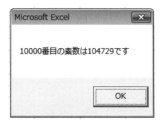

この後に出力された数字です。

100 分の 6.25 秒でした。これでは一瞬です。

これは昔のパソコンを使っていた私の感覚からすると相当に速いのですが、皆さんの印象はいかがでしょうか？

第7日　一次元の配列を使う

COLUMN

VBA の速度

　Basic をパソコンで使うには、VBA 以外にも Basic エミュレーターを使うという方法があります。本書のレベルで求められるプログラミング環境としてエミュレーターを利用しても大きな問題はありませんが、処理速度が速いこと、新しい言語体系を体験できること、さらに Excel のスプレッドシートとの連携ができることから、本書では VBA を選びました。

　Windows マシンで使える Basic の代表的なエミュレーターには、99BASIC と N88 互換 BASIC for Windows95 があり、付録 3 で紹介しています。ここでは試しに素数計算プログラムを使って VBA との速度を比較してみました。

　N88 互換 BASIC では配列を 10000 個宣言できなかったので計算する素数を 1000 個に減らして計算してみました。ご覧のとおり、約 1 分を要しました。VBA で 1000 個の場合を計測すると 1000 分の 7.8 秒でした。

　99BASIC では 10000 個まで計算できて結果は 3 秒でした。

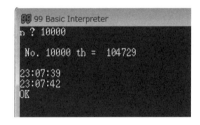

　この結果から、あくまでも目安ですが VBA の処理速度は、N88 互換 BASIC の約 8000 倍、99BASIC の約 50 倍となります。さすがに VBA は速いのですが、99BASIC や N88 互換 BASIC はグラフィック機能を有しているという大きな利点があります。VBA を使ったグラフィックについては、第 9 日以降に説明しますのでお楽しみに。

第8日

Excel データの利用（二次元の配列）

前日に、10000個の素数をほぼ一瞬で求めることができました。これは昔のマイコンを使っていた感覚からするとそれなりにすごいことなのですが、いかんせん、出力されるのが `MsgBox` でポツリと結果が示されるだけなので、おもしろくありません（本当はおもしろいのですが）。

そこで本日は、I/O として Excel のスプレッドシートを使う方法を説明します。これができるようになると、入力や出力が楽になるだけでなく、出力した結果を Excel で加工したりグラフにしたりと、応用して使うこともできるようになります。

なお、Excel そのものの使い方については一通り理解されているものとして説明しますので、不明な点については他の参考書などを参照してください。また、行列という概念を使いますが、そちらも知識としては理解しているものとして説明します。

選んだお題は「連立方程式」です。あわせて、配列についても二次元の配列を使います。

8-1 連立方程式の解き方

中学校に入ると、数学で文字を使った数式の使い方を勉強し、方程式が解けるようになります。中学2年生になると、未知数（変数）が2つ以上の連立方程式が解けるようになり、高校では行列、大学に入ると線形代数としゃれた名前になって何度も登場します。

コンピューターで連立方程式の計算をする方法としては、ガウスの掃き出し法がよく使われます。ここでもこの方法を使います。

連立方程式の例として3つの未知数があるものの例です

$$\begin{cases} 2x + 3y + z = 9 \\ -x - 2y + 2z = 1 \\ 3x + y - z = 2 \end{cases}$$

この式は x, y, z と $=$ の後の数字の位置が決まっているので、左辺のそれぞれの係数と右辺

第8日　Excelデータの利用（二次元の配列）

の数字だけを抜き出して、表現することができます。数字の位置でどの数字が何を示すのかが約束されていれば、方程式の内容を示すことができるわけです。

$$\begin{pmatrix} 2 & 3 & 1 & 9 \\ -1 & -2 & 2 & 1 \\ 3 & 1 & -1 & 2 \end{pmatrix}$$

これが**行列**による**連立方程式**の表現です。横の数字の並びを**行**、縦の数字の並びを**列**といい、行列中の数字を指定するには行の位置（行番号）と列の位置（列番号）を使って表します。たとえば、この行列で行番号2（2行）、列番号3（3列）の数は2になります。

$$2\text{行}\begin{pmatrix} 2 & 3 & \boxed{1} & 9 \\ \boxed{-1 & -2 & 2 & 1} \\ 3 & 1 & -1 & 2 \end{pmatrix}$$
（3列）

この行列を変形して、次のような形にするのが目標です。

$$\begin{pmatrix} 1 & 0 & 0 & 1 \\ 0 & 1 & 0 & 2 \\ 0 & 0 & 1 & 3 \end{pmatrix}$$

なぜなら、これを元の方程式の形に直すと、

$$\begin{cases} x = 1 \\ y = 2 \\ z = 3 \end{cases}$$

になりますが、これは連立方程式の答えそのものになってます。

ただし、変形といっても何をしてもよいわけではありません。**行列の行に関する基本変形**と呼ばれる変形しか使えません。

- 2つの行を入れ替える。
- ある行に0でない定数を掛ける（または割る）。
- ある行に他のある行の定数倍を加える（または引く）。

行を定数倍するというのは、行のすべての数字に同じ数を掛けることです。ある行に他の行を加えるというのは、ある行の同じ列の数字に他の行の同じ列の数字を加えることです。

連立方程式を解くための変形の手順が、**ガウスの掃き出し法**なのですが、内容をできるだけ簡単に説明してみます。ただし、文章での説明だけではわかりにくいので、先に示した 3 元連立方程式の行列で、1 行目だけでも試しながら読んでもらうと、多少理解の助けになると思います。

（1）1 行 1 列目が 0 なら、1 列目が 0 でない他の行と入れ替える。
（2）1 行 1 列目の数で 1 行目を割る。1 行 1 列目の数は 1 になる。
（3）2 行 1 列目の数を 1 行目に掛けたものを 2 行目から引く。2 行 1 列目の数は 0 になる。
（4）（3）を残りの行に繰り返す。これで 1 列目は 1 行目の 1 を除いてすべて 0 になっている。
（5）2 行 2 列目の数で 2 行目を割る。2 行 2 列目の数は 1 になる。
（6）1 行 2 列目の数を 2 行目に掛けたものを、1 行目から引く。1 行 2 列目の数は 0 になる。
（7）（6）を 2 行目以外のすべての行に繰り返す。これで、2 列目は 2 行目の 1 を除いて 0 になる。1 列目は 1 行目以外 0 なので変化しない。
（8）3 行目以下の残りの行で同じ変形を繰り返す。

これで対角線上に 1 が並び、残りは 0 と最後の列に答えが並んだ行列になります。この手順をプログラムにするのですが、その前にやっておくことがあります。

 ## 8-2　連立方程式を作る

作ったプログラムが正しく動いているかを確かめるための例題を用意する必要があります。例題もせっかくなので、2 元や 3 元ではなくもっと未知数（変数）の多いものを解かせてみたいと思います。

そこで、答えのわかっている**多元連立方程式**の問題を手軽に用意するために、Excel を使います。また問題を入力する際に、4 元連立方程式だと 20 個の数字を間違えないで入力する必要があるので、InputBox ではなく、**Excel のスプレッドシートから数字を直接プログラムに読み込む**ようにします。

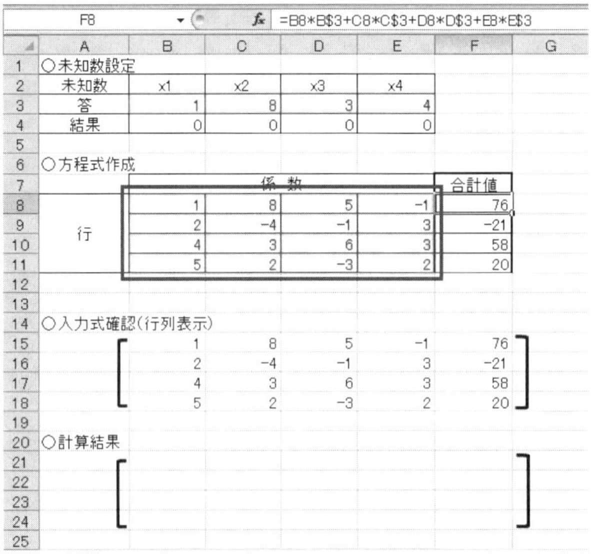

第8日　Excelデータの利用（二次元の配列）

```
F8    fx =B8*B$3+C8*C$3+D8*D$3+E8*E$3
```

	A	B	C	D	E	F	G
1	○未知数設定						
2	未知数	x1	x2	x3	x4		
3	答	1	8	3	4		
4	結果	0	0	0	0		
5							
6	○方程式作成						
7			係　数			合計値	
8		1	8	5	-1	76	
9	行	2	-4	-1	3	-21	
10		4	3	6	3	58	
11		5	2	-3	2	20	
12							
13							
14	○入力式確認(行列表示)						
15		1	8	5	-1	76	
16		2	-4	-1	3	-21	
17		4	3	6	3	58	
18		5	2	-3	2	20	
19							
20	○計算結果						
21							
22							
23							
24							
25							

　このスプレッドシートは、枠で囲んだセル範囲（セル範囲 B8：E11）に係数となる数字を入力すると、x1～x4 として入力されている未知数（セル範囲 B3：E3）に係数を掛けた数を合計して方程式にするものです。合計値の欄の式に注意すれば、簡単に作ることができます。なお、スプレッドシートを作成する際には、枠線や括弧、説明文は図どおりでなくてもかまいませんが、数字を入れるセルの位置は厳密に守ってください。

　1 行目の合計欄（セル F8）の計算式が、上部の「fx」欄に表示されていますので、参考にしてください。ポイントは未知数のセルを数式で指定するときに、行番号がコピーの際に変わらないように、行番号の数字の前に「$」でアンカーが記述されていることです。こうしておけば、1 行目（セル F8）を 2 行目（セル F9）以降にコピー＆ペーストできます。

　次の図は、セル F8 をセル範囲 F9：F11 にコピー＆ペーストしたときの、セル F9 の数式です。「fx」欄でアンカーが利いていることを確認してください。

8-2 連立方程式を作る

	A	B	C	D	E	F	G
				fx	=B9*B$3+C9*C$3+D9*D$3+E9*E$3		
1	○未知数設定						
2	未知数	x1	x2	x3	x4		
3	答	1	8	3	4		
4	結果	0	0	0	0		
5							
6	○方程式作成						
7				係 数		合計値	
8	行	1	8	5	-1	76	
9		2	-4	-1	3	-21	
10		4	3	6	3	58	
11		5	2	-3	2	20	
12							
13							
14	○入力式確認(行列表示)						
15		1	8	5	-1	76	
16		2	-4	-1	3	-21	
17		4	3	6	3	58	
18		5	2	-3	2	20	
19							
20	○計算結果						
21							
22							
23							
24							
25							

「入力式確認」にあるセル B15 から、プログラムで数値を読み込みます。この部分のシートの数式の作り方ですが、セル B15 を「=B8」として、これをセル B15 からセル範囲 B15：F18 にコピー＆ペーストしてください。セル範囲 B8：F11 で入力した係数と合計値の数字が表示されていれば、成功です。プログラムでは、セル B15 から順番に連立方程式の行列として、数値を読み取ります。この始点となるセル B15 の位置は絶対に間違えないよう注意してください。

「計算結果」の部分は空欄でかまいません。最終的に出てきた答えと設定した未知数とを簡単に比較できるよう、セル B4 には「=F21」、セル C4 には「=F22」、セル D4 には「=F23」、セル E4 には「=F24」の式が入っています。これで、答えと係数を入力すれば、いくらでも問題が出来上がります。

第8日　Excelデータの利用（二次元の配列）

これから説明するプログラムを実行すると、計算結果に変形後の行列が出力され、答えと結果が並んで表示されます（図の囲み）。

	A	B	C	D	E	F	G
1	○未知数設定						
2	未知数	x1	x2	x3	x4		
3	答	1	0	3	2		
4	結果	1	8	3	4		
5							
6	○方程式作成						
7			係　数			合計値	
8	行	1	8	5	-1	76	
9		2	-4	-1	3	-21	
10		4	3	6	3	58	
11		5	2	-3	2	20	
12							
13							
14	○入力式確認(行列表示)						
15		1	8	5	-1	76	
16		2	-4	-1	3	-21	
17		4	3	6	3	58	
18		5	2	-3	2	20	
19							
20	○計算結果						
21		1	0	0	0	1	
22		0	1	0	0	8	
23		0	0	1	0	3	
24		0	0	0	1	4	
25							

このスプレッドシートは、以前に説明した方法により、「Excel マクロ有効ブック」形式で保存できますので、早めに保存しておきましょう。

8-3　For-Next ループのネスティング

実際のプログラムに入る前に、前日までで説明した **For-Next** ループについて、必要になる追加の説明をしておきます。

For-Next ループは、カウンタ変数を初期値から終了値まで変化させながら繰り返しの処理を行うものですが、このカウンタ変数を同時に複数使うことがあります。

ここでは行列の計算を処理しますが、行列中のある数値を指定するためには行番号と列番号の2つの数字が必要になります。たとえば、行列のすべての数字に処理をすることを考えてみます。このような場合、行番号と列番号の2つをカウンタ変数で扱えるようにすることで、容易に処理が可能になります。

つまり、

　　1 行目について、**For-Next** ループですべての列について処理
　　2 行目について、**For-Next** ループですべての列について処理
　　　　　　⋮
　　最終行目について、**For-Next** ループですべての列について処理

8-3 For-Next ループのネスティング

これを、

→ For-Next ループですべての行について処理
→ 各行について、For-Next ループですべての列について処理

とすれば処理を簡単にすませることができます。これをループの**ネスティング**（**入れ子構造**）といいます。プログラムに書くと、For-Next ループの内部にもう1つ For-Next ループが入り込んだ形になります。

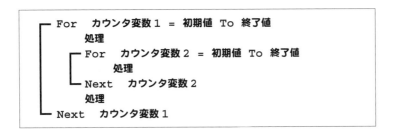

例は二重になっていますが、実際には三重でも四重でも使うことができます。ただし、ループが交差するとエラーになります（次の図参照）。

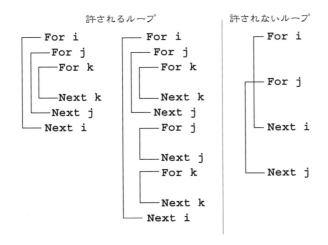

今回の説明は For-Next ループについてでしたが、While-Wend ループでも同じです（前日のプログラム）。また、For-Next ループ内に While-Wend ループが入ったり、逆に While-Wend ループ内に For-Next ループがネスティングすることもできます。

For-Next ループのネスティングの具体的な使い方については、次節で説明します。

第8日 Excel データの利用（二次元の配列）

8-4 スプレッドシートへのアクセス

スプレッドシートから入力することと、スプレッドシートへ出力することをあわせてスプレッドシートへのアクセスと表現します。

さっき作ったスプレッドシートのセルから変数に数値を読み込んだり（入力）、逆に変数の数値をセルに書き込む（出力）ことを**アクセス**と呼ぶわけです。これができるようになると、`InputBox`で入力したり、`MsgBox`で出力するより効率が上がります。さらに、スプレッドシートに結果が残るので、利用もしやすくなります。

新しく使うのは `With` と `Cells` です。プログラムを見てみましょう。

```
Dim x(10, 11) As Double
Dim n As Integer
Dim i As Integer
Dim j As Integer

    n = 4

    With Sheet1

        For i = 1 To n

            For j = 1 To n + 1
                x(i, j) = .Cells(i + 14, j + 1).Value
            Next j

        Next i

        For i = 1 To n

            For j = 1 To n + 1
                .Cells(i + 20, j + 1).Value = x(i, j)
            Next j

        Next i

    End With
```

さきほど作ったスプレッドシートを使いますが、セル B15 から行列の数値が入力されていることを確認してください。それとスプレッドシートの名前が「Sheet1」になっているかも確認しましょう（何も変更していなければ Sheet1 のはずです）。

8-4 スプレッドシートへのアクセス

これら2点が確認できたら、プログラムを実行してみます。このとき、アクティブシートが問題作成をする Sheet1 になっていることを確認しておきましょう。別のシートだとエラーになります。

矢印で示したセル範囲 B21:F24 に数字が現れました。内容は「入力式確認（行列表示）」（セル範囲 B15:F18）と同じです。つまり、スプレッドシートから数字を入力し、それをスプレッドシートに出力したのです。では、具体的にどうやってプログラムが動いているかを説明します。

最初の **Dim** で配列を宣言していますが、**x(10, 11)** を倍精度浮動小数点型で予約したことを宣言しています。倍精度浮動小数点型にした理由は後で説明しますが、問題は **x(10, 11)** の方です。

これまで使った配列は **x(10)** のように ( ) の中は数字1つでした。これを**一次元の配列**といいます。今回は2つの数字がコンマで区切って入っています。これを**二次元の配列**といいます。Excel のセルの指定を思い出してください。セル B15 のように、アルファベットと数字でどのセルかを指定しています。これと同じように二次元の配列は2つの数字で配列のどの変数を使うかを指定します。

今回は二次元の配列で行列を表現しますが、配列を **x(i, j)** として、**i** が行列の行番号を、

第8日 Excel データの利用（二次元の配列）

`j` が列番号を表すものとして使います。例のスプレッドシートで最初のセル B15 が配列の 1 行 1 列目になるので、`x(1, 1)` の値が 1 になります。同様にセル E17 は 3 行 4 列目になるので `x(3, 4)` の値は 3 です。他のセルも行列と配列 `x(i, j)` で位置と数字の関係を確認してみてください。

次に、変数 `n` は 4 元連立方程式であることを示しています。この場合、行列は 4 行 5 列になります。5 列目は方程式で = の後にある数字です。一般的に、n 元連立方程式の場合、n 行 $n+1$ 列の行列になります。

その次が新しい `With Sheet1` です。このスプレッドシート名が Sheet1 であることは、確認していると思います。Sheet1 というのは、スプレッドシートの名前を書いているということはおわかりでしょう。つまり、

`With　シート名`

でプログラムがアクセスするシートを指定します。そうすると、最後にある `End With` がこの指定を解除するという意味だと、理解できると思います。このように、`With` と `End With` の間にある行では、`With` で指定したシートを扱うことになります。

続いて `For` が 2 つあり、カウンタ変数 `i` の `For-Next` ループの中に、カウンタ変数 `j` の `For-Next` ループが入ったネスティングが使われています。2 つのループが交差しないように注意します。

この場合、行番号を示すカウンタ変数 `i` ごとに、列番号を示すカウンタ変数 `j` を 1 から 5（`n = 4` ですから `n + 1` は 5 です）まで変化させ、これを `i` が 1 から 4 まで繰り返します。繰り返す行には `x(i, j) =` とあるので、行ごとに列の数字を順番に配列 `x` に入力しているわけです。

さて問題は右辺の `.Cells(i + 14, j + 1).Value` です。`Cells` というのはスプレッドシートのセルのことだとわかりますが、( ) の中はどういう意味でしょう。まず、最初の `i` と `j` を入れてみる、つまり `x(1, 1)` の場合を考えてみます。この場合、右辺は `.Cells(15, 2).Value` となります。`x(1, 1)` がセル B15 になるように考えることにしていましたが、セル B15 と `.Cells(15, 2)` を比べると、15 が同じです。B は左から 2 番目の列です。以後、アルファベットについては特に断りない限り、列番号（C は 3、D は 4、E は 5…）として扱うことにします。

これからおわかりのように、`Cells(`**行番号, 列番号**`)` で**アクセスするセルを指定**しているのです。また、`Cells` の前の「`.`（ドット）」は `With` で指定したシートを参照しているという意味です。なお、**Excel ではセルの指定は「アルファベット（列番号）＋行番号」**となっていて、行と列の順番が逆になるので注意しましょう。

また、`Cells` の後の `Value` は値という意味なので、セルの数値を配列変数 `x` に入れていることを示しています。Excel ではセルに入っているのは値だけでないので、そのセルの持っている何にアクセスするのかを示しているわけです。

8-4 スプレッドシートへのアクセス

セルの持っている値以外のものについてはいずれ説明することがありますので、今は `.Value`（先頭に「.（ドット）」があるのに注意）を付けて数値を扱うことだけを覚えてください。

プログラムは、`i` ごとに `j` を 1 から 5 に変化しますので、

`x(1, 1) = B15    x(1, 2) = C15    x(1, 3) = D15    x(1, 4) = E15    x(1, 5) = F15`

となります。配列の行とセルの行の関係が変化していないことを確認してください。これを 2 行目から 4 行目まで繰り返します。正しく配列に行列の数値が入力されていることをほかの行でも確かめてください。

このように、スプレッドシートに正しくアクセスできるかどうかは、`Cells` の ( ) の中が適切に記載されているかどうかにかかっています。

配列 `x` に入力した行列をスプレッドシートに出力するところで、`Cells` の ( ) の記載方法を復習してみましょう。

`For-Next` ループの記載は入力と同じです…というか、まったく同じにしてあります。順番を変えないことで、エラーを防止しているわけです。行番号ごとに列番号を 1 から 5 まで変化させて、これを 1 行目から 4 行目まで繰り返すという順番を変えていません。

繰り返す処理は、

```
.Cells(i + 20, j + 1).Value = x(i, j)
```

となっていて、= を挟んでさっきとは `Cells` と `x` が逆です。つまり、セルに配列の値を出力しているわけです。

入力と違うのは、`i + 14` が `i + 20` になっているところです。`i` が 1 の場合、入力は 15 で出力は 21 になります。スプレッドシートで確認すると、それぞれ入力元のセルの行番号と、出力先のセルの行番号に一致しています。`j` については変わっていませんので、入力と出力のセルの列番号は変わらないことになります。実際、スプレッドシートへの出力結果を見ると、列は変わらず行が 6 つ下になっています。

いくつかスプレッドシートのセルにアクセスをするプログラムを作ってみて、セルの位置とプログラムによる指定の仕方を身につけてください。

最後に、スプレッドシートへのアクセス方法を応用して前日に作った素数のプログラムを改良してみます。以下の行を追加して実行してみてください。結果は示しませんので、皆さん自身で確認してください。

```
MsgBox n & "番目の素数は" & so(n) & "です"

'追加終了

With Sheet1
```

第8日 Excel データの利用（二次元の配列）

```
i = Int(n / 50)

For s = 1 To i
    For m = 1 To 50
        lmt = 50 * (s - 1) + m
        If n >= lmt Then .Cells(s, m).Value = so(lmt)
    Next m
Next s

End With
```

8-5 連立方程式を解くプログラム

いよいよ、連立方程式を解くプログラムです。スプレッドシートへアクセスする部分はすでに作っているので、それに連立方程式を解くプログラムを追加します。

'を付けて「追加」と書いてある変数の宣言と、同じく'が付いて「ここから追加開始」と「ここで追加終了」とで挟まれた行を追加して入力してください。なお、'が付いている場合、そこから後ろは何が書いてあっても VBA は無視します。これは、**コメント**をプログラムに書くための方法です。プログラムを作る際には、後で何をどう処理しているのかわからなくなったり、他の人が読むときにわかりやすくするために、コメントを付けるようにします。本書に掲載したプログラムには、意図的にコメントを付けていません。

コメントがあると、プログラムを説明を読みながら追いかけてもらう際に「わかった気」になってしまうからです。ダウンロード版のプログラムはコメント付きとしていますので、最終的にはそちらを見てください。

```
Dim x(10, 11) As Double
Dim xm As Double         '追加
Dim n As Integer
Dim i As Integer
Dim j As Integer
Dim k As Integer         '追加

    n = 4

    With Sheet1

        For i = 1 To n

            For j = 1 To n + 1
```

```
                x(i, j) = .Cells(i + 14, j + 1).Value
            Next j

        Next i

        'ここから追加開始

        For i = 1 To n
            xm = x(i, i)

            For j = 1 To n + 1
                x(i, j) = x(i, j) / xm
            Next j

            For j = 1 To n

                If i <> j Then
                    xm = x(j, i)

                    For k = 1 To n + 1
                        x(j, k) = x(j, k) - x(i, k) * xm
                    Next k

                End If

            Next j

        Next i

        'ここで追加終了

        For i = 1 To n

            For j = 1 To n + 1
                .Cells(i + 20, j + 1).Value = x(i, j)
            Next j

        Next i

End With
```

 変数の宣言はもう大丈夫だと思いますので、これを除いた追加プログラムを見てみましょう。これが、ガウスの掃き出し法をVBAで書いたものです。繰り返しを示す**For-Next**ループがたくさんあります。

 最初のカウンタ変数**i**の**For-Next**ループで、**i** = **1**から動きを追いかけてみましょう。まず、**xm**に**x(1, 1)**が代入されます。次にカウンタ変数**j**の**For-Next**ループがあり、**j**は**1**

第8日　Excelデータの利用（二次元の配列）

から5（nが4なのでn + 1は5です）まで繰り返します。処理内容は、1行目を xm で割っています。基本変形で行を定数倍する（定数で割る）処理です。xm に1行1列目を代入してこれで割っていますが、これを x(i, j) = x(i, j) / x(i, i) としてはダメなのでしょうか？

これでは、正しい答えになりません。なぜなら、最初の j = 1 のときに x(1, 1) = x(1, 1) / x(1, 1) の計算をするので、x(1, 1) が1になってしまいます。残りの j で2列目以降の計算をするときに x(1, 1) は最初の数値と違って1になっていますので、行を定数で割ったことになりません。

よく似た例が変数 a と変数 b の値を入れ替える場合です。

```
b = a
a = b
```

つい、このようにやってしまいますが、ダメな理由は説明するまでもありません。こういうときは、別の変数を使います（ここでは c とします）。電卓には、一時的に数値を入れておくメモリ機能が付いていますが、ちょうどそれと同じように、変数 c をメモリのようにして一時的に数値を入れておくわけです。

```
c = b
b = a
a = c
```

上記のように c を使って**一時的に数値を退避**させておかないと、正しく入れ替えができません。今回も x(1, 1) が計算中に変わってしまうので、あらかじめ xm という変数に値を避難させておき、x(1, 1) が変わっても問題がないようにしておく必要があるのです。いわれてみれば当然なのですが、意外とやってしまうエラーの原因なので注意しましょう。

いずれにせよ、これで1行目を1行1列目の数値で割る変形ができました。この行を残り各行の1列目の数字に掛けて、その行から引く変形をします。

次も、カウンタ変数 j の For-Next ループです。ループが交差していないので、同じカウンタ変数の For-Next ループが続いていても問題ありません。If 文があって条件式は i <> j とあります。j = 1 から入ると、i も j も1で等しいため条件を満たさないので Then から次の行ではなく、End If へ行きます。そこには Next j があり、次の j = 2 となって繰り返します。ある行からの引き算は、自分自身の行には行いません。今は1行目の処理中なので、j = 1 で何もしなかったわけです。

次は、j = 2 となりましたので2行目ということになります。ここで xm に x(j, i) を代入しています。ガウスの掃き出し法の説明を見直すと、「2行1列目の数を1行目に掛けたものを2行目から引く」ことになっています。xm は x(2, 1) になっているので、xm には「2行1列目

の数」が代入されることになります。

　この後でカウンタ変数 k の For-Next ループがあり、k は 1 から 5 までの繰り返しになります。行う内容は

```
x(j, k) = x(j, k) - x(i, k) * xm
```

です。ここに i = 1、j = 2、k = 1 を入れてみると、

```
x(2, 1) = x(2, 1) - x(1, 1) * xm
```

となります。k が 2 以降は、

```
x(2, 2) = x(2, 2) - x(1 ,2) * xm
x(2, 3) = x(2, 3) - x(1, 3) * xm
x(2, 4) = x(2, 4) - x(1, 4) * xm
x(2, 5) = x(2, 5) - x(1, 5) * xm
```

となり、1 から 5 まで、2 行目の列を 1 行目の同じ列の数字に xm を掛けて引いています。つまり 2 行目から 1 行目の 2 行 1 列目の数値を掛けて引いているわけです。

　これが終わると、j は 3 行目と 4 行目から 1 行目に、それぞれの 1 列目の数値を掛けて引くことになります。

　そこでカウンタ変数 j の For-Next ループを抜けるのですが、Next i により次の 2 行目について同様の変形を繰り返し、これを 3 行目、4 行目まで続けて処理が終了します。

　このように何度も掛け算や足し算、引き算を繰り返しますので、桁数が少ないといわゆる**桁落ち**という現象が起こりやすくなります。電卓で **1 ÷ 3 × 3** の計算をすると、本来の答えは 1 のはずですが、0.999999 と表示されてしまいます。これが桁落ちです。このような現象の影響を最小限にするため、変数の精度を上げる必要があるので、このプログラムでは倍精度浮動小数点型の配列や変数を使っています。

　最後に出力される結果についてですが、配列 x をスプレッドシートに出力する部分はそのままなので、前回説明したとおりです。ここで、対角線上に 1 が並んで、残りが 0 と 5 列目に未知数の答えが並んでいれば、正しく計算ができていることが確認できます。方程式を作るのに使った未知数との答え合わせも、上下に並ぶので簡単に比較できます。

　実行した結果を再度、示します。

第8日 Excelデータの利用（二次元の配列）

	A	B	C	D	E	F	G
1	○未知数設定						
2	未知数	x1	x2	x3	x4		
3	答	1	8	3	4		
4	結果	1	8	3	4		
5							
6	○方程式作成						
7			係　数			合計値	
8	行	1	8	5	-1	76	
9		2	-4	-1	3	-21	
10		4	3	6	3	58	
11		5	2	-3	2	20	
12							
13							
14	○入力式確認(行列表示)						
15		1	8	5	-1	76	
16		2	-4	-1	3	-21	
17		4	3	6	3	58	
18		5	2	-3	2	20	
19							
20	○計算結果						
21		1	0	0	0	1	
22		0	1	0	0	8	
23		0	0	1	0	3	
24		0	0	0	1	4	
25							

　間違いなくこの連立方程式が解けています。いろいろと未知数や係数を変えて、試してみてください。

　プログラムの方は、**n = 4** の数値を変えれば、未知数の数を増やすことも可能です。Excelのスプレッドシートが4元連立方程式に対応したものなので、5元や6元などに対応した形に直せば使えます。

　その際には、スプレッドシートへのアクセスを行う

入力：`x(i, j) = .Cells(i + 14, j + 1).Value`
出力：`.Cells(i + 20, j + 1).Value = x(i, j)`

の配列を、セルの位置指定が正しく一致するように調整をしてください。

　なお、本日はガウスの掃き出し法の（1）の処理を省略しましたが、ダウンロード版には対応したプログラム例を載せてあります。解答を見る前にプログラムに挑戦してみてください。

　以上で連立方程式のプログラムは終了です。第9日は、さらにExcelのスプレッドシートを活用していきます。

COLUMN

「ハノイの塔」を解く不思議なプログラム

「ハノイの塔」は、フランスの数学者リュカが1883年に考案したゲームです。3本の棒があり、1本には真ん中に穴が空いた円盤が下から大きい順に重なっています。ゲームはすべての円盤を元の順番になるように、他の棒に移し替えるというものです。1回に移すことができるのは1つの円盤だけ、また一時的に円盤を置く棒も含め、すべての棒で小さな円盤の上には大きな円盤が重ならないようにする、という条件が付いています。

■ ハノイの塔

このゲームを解くプログラムは「再帰的アルゴリズム」の代表例として有名で、さまざまなプログラミング言語で練習問題として使われています。VBA用に書かれたものを以下に示しますが、複雑なプログラムと思いきや、あまりに短いもので拍子抜けしてしまいそうです。

■ VBA用「ハノイの塔」解法プログラム

```
Sub ht()
Dim m As Integer
m = InputBox("円盤の枚数は？ ")
  Call h(m, "Ⅰ", "Ⅲ", "Ⅱ")
  MsgBox "移動終了"
End Sub
Sub h(n, b1, b2, b3)
  If n > 0 Then
    Call h(n - 1, b1, b3, b2)
      MsgBox n & "番目の円盤を棒" _
        & b1 & "から棒" & b2 & "へ移す"
    Call h(n - 1, b3, b2, b1)
  End If
End Sub
```

プログラムでは、最初に重なった円盤がある棒をⅠとし、最終的にⅢの棒へすべての円盤を移し替えるものとしています。棒Ⅱは一時的に円盤を置いておく棒です。円盤の枚数はユーザーが最初に入力し、一番小さなものから1番、2番、…、m番と順に番号が付いています。

プログラムを実行すると、円盤の枚数を聞いてきますので入力します。その後、移動させる円盤の番号とそれが置いてある棒、移動先の棒を順番に表示しますので、そのとおりに円盤を動かします。手元に「ハノイの塔」がなくても、500円、10円、1円硬貨を使い、円盤3枚の場合としてプログラムを実行して試してみてください（「ハノイの塔」はゲームとして販売されています）。

原理については、「再帰的アルゴリズム」でネットを検索すれば簡単に見つかりますので、そちらに譲りますが、こんなに単純なプログラムが複雑な問題を解いてしまう不思議さをぜひ堪能してください。

ところで、伝説ではオリジナルのハノイの塔の円盤の数は64枚だそうです。n枚の円盤を最短で動かす回数は2^n-1回になることが知られています。1回の円盤の移動に1秒かかるとすると、移動し終わるまでの時間は$2^{64}-1$秒になり、これは約5850億年（!?）になります。

第9日

簡易グラフィックを使う

　VBA の計算結果をスプレッドシートに出力できるようになりましたので、数字の羅列を眺めるだけではなく、Excel のグラフ作成機能を使って視覚的にグラフを作って楽しむことができます。

　元々 VBA には Excel の描画をコントロールする機能もありますので、こちらをマスターするとグラフだけでなく「お絵描き」も楽しめるようになりますが、そこまで楽しむようになるには覚えることもたくさんあります。

　そこで、スプレッドシートへのアクセス機能を応用した手軽にグラフィックを楽しめる方法（以下、「簡易グラフィック」といいます）を紹介します。もちろん、実用的には VBA の高機能を使えるようになる方がよいのですが、あくまでもプログラムを作ることを楽しむという本書の目的に沿って進めたいと思います。

　なお、本日のプログラムは Excel の機能を相当に酷使しますので、**パソコンに実装されたメモリが少ない場合や、XP 以前のバージョンの Excel では動かないこともあります**のでご了承ください。なお、その場合の代替方法については多少手間が余計にかかりますが、付録 3 に記載してありますのでそちらを参考にしてください。

9-1　Excel のグラフ作成機能の利用

　最初は、Excel のグラフ作成機能を利用してグラフを作ってみます。簡単な例として**三角関数のグラフ**を描いてみましょう。

```
Dim i As Integer
Dim pi As Single

    pi = 355 / 113 / 30

    With Sheet1

    For i = 0 To 60
        .Cells(i + 2, 1).Value = Sin(pi * i)
        .Cells(i + 2, 2).Value = Cos(pi * i)
```

（次ページへ続く）

第 9 日　簡易グラフィックを使う

```
        Next i

    End With
```

　カウンタ変数 i を整数型、変数 pi を単精度浮動小数点型として宣言します。pi には、355/113 を計算したものを 30 で割った値を代入しておきます。以前に、355/113 は円周率 π として使えることを説明しましたが、これを 30 で割った値が pi になっています。この pi を 60 倍すると 2π、つまり三角関数の 1 周期になります。

　これを踏まえて、次のカウンタ変数 i の For-Next ループを見ます。i は 0 から 60 まで 1 ずつ増えていきます。続く行にある Sin 関数と Cos 関数では、引数が pi * i になっていますから、引数は 0 から 2π まで変化することになります。つまり、どちらの関数も 1 周期変化します。

　.Cells(i + 2, 1).Value については、前日に説明したとおり、セルの数値へのアクセスを意味しています。上の行に With Sheet1 とありますので、スプレッドシート Sheet1 のセルが対象となります。

　最初の i が 0 のときは 2 + 0 = 2 なので 2 行 1 列目、つまりセル A2 になります。ここに Sin 関数の 0 のときの値が入ります。以降、i が 1 つずつ増えて 60 まで増え、それぞれの i * pi の値について Sin 関数の値が次々にセル A3, A4, …と下の行のセルに出力されていきます。

　つまり、引数が 0 から 2π までの sin 関数の値が、60 分割されて A 列に出力されます。同様に B 列には、cos 関数の値が書き込まれます。

　あとは A, B 列の数値が入力されたセルを選択し、リボンから［挿入］、［折れ線］、［2-D 折れ線］と選択してグラフを描けば、出来上がりです。

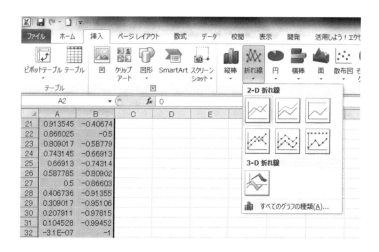

　必要に応じて、スケールの調整や軸のコメントなどを入れて、見栄えをよくします。

9-2 スプレッドシートへのアクセスを応用したグラフィックの原理

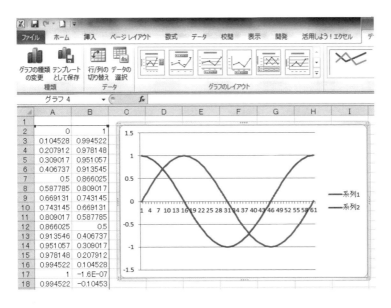

いうまでもないことですが、このグラフはこのまま Word や PowerPoint などに貼り付けて利用することもできます。

ですが、sin 関数や cos 関数は Excel の組み込み関数なので、グラフを作るのであれば、別に苦労して VBA を使わずともスプレッドシートで計算して、同様のグラフを作ることは可能です。しかしながら、条件分岐や繰り返し計算でないと結果が出せない場合もあり、そういった場合には有り難みのある方法ですので、覚えておいて損はない方法でしょう。

9-2 スプレッドシートへのアクセスを応用したグラフィックの原理

ここからは、簡易グラフィックによって画面に表示する方法を使っていきます。まずは原理から先に説明します。

Excel で Book を新規作成し、図のようにスプレッドシートのセルに数字の 1 を入力してください。

A 列から H 列の列幅を 2.00 にします。

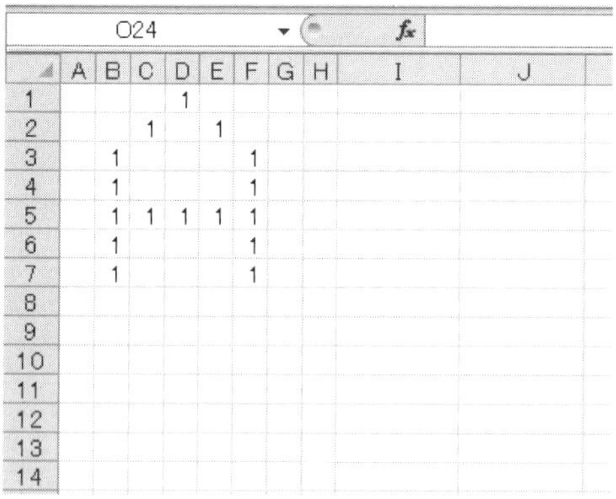

O24

	A	B	C	D	E	F	G	H	I	J
1				1						
2			1		1					
3		1				1				
4		1				1				
5		1	1	1	1	1				
6		1				1				
7		1				1				
8										
9										
10										
11										
12										
13										
14										

何となく見えてくるものがありますが、次のプログラムを入力し、実行してください。見慣れない単語もありますが、とりあえずそのまま入力して実行しましょう。

```
Dim x(8, 8) As Integer
Dim i As Integer
Dim j As Integer
Dim c As Integer

    With Sheet1

    For i = 1 To 8
        For j = 1 To 8
            x(i, j) = .Cells(i, j).Value
        Next j
    Next i

    For i = 1 To 8
        For j = 1 To 8
            c = 1
            If x(i, j) = 1 Then c = 2
            .Cells(i + 10, j).Interior.ColorIndex = c
        Next j
    Next i

  End With
```

※ **Cells** の前に「.（ドット）」があります。忘れないよう注意してください。

実行すると図のようになります。

9-2 スプレッドシートへのアクセスを応用したグラフィックの原理

この状態で、黒い背景色のあるあたりのセルの高さと幅を小さくすると、A が現れます。

高さと幅を元に戻すとこのとおりです。

Excel ではセルの背景色を自由に設定できますが、VBA からもその設定が可能です。そこで、小さな点程度の大きさにセルの高さと幅を小さくし、そのセルの背景色を使ってグラフィッ

第9日　簡易グラフィックを使う

クの「点」にしようということです。

実際、ディスプレイに表示されている文字も小さな点の集まりで表現されているものなので、試しに A という文字を書いてみました。

問題はどの程度の細かさ（**解像度**といいます）にするかですが、往年の名機である PC-98 シリーズに敬意を表して 640×480、つまり横に 640 個、縦に 480 個の点（ドット）が並ぶようにします。

このような方法でどの程度のグラフィックが描けるのかですが、これから作るプログラムを使うと、次のような絵も描けるようになります。

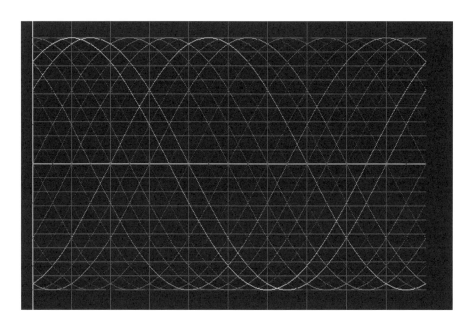

いずれにせよ、この方法は純粋なグラフィックではなく、スプレッドシートを利用した「グラフィックもどき」ですので、以降、**簡易グラフィック**と呼ぶことにします。

9-3　簡易グラフィックの準備

この方法は、通常とは異なる想定外の処理を Excel にさせますので、それなりの準備が必要です。

まずは、次のプログラムを実行してください。

```
Dim sc(640, 480) As Integer
Dim i As Integer
Dim j As Integer
Dim co As Integer

Dim bx As Integer
Dim by As Integer
Dim x As Integer
Dim y As Integer
Dim pi As Single


With Sheet1

    Application.ScreenUpdating = False
    
        .Range(Cells(1, 1), Cells(480, 640)).RowHeight = 8
        .Range(Cells(1, 1), Cells(480, 640)).ColumnWidth = 1
        .Range(Cells(1, 1), Cells(480, 640)).Interior.ColorIndex = 1
    
    Application.ScreenUpdating = True
    
    For i = 1 To 640
        For j = 1 To 480
         sc(i, j) = 1
        Next j
    Next i

End With

'Graph Start

    pi = 355 / 113 / 120
    bx = 150
    by = 150
    
        For i = 0 To 60
            x = 100 * Cos(pi * i)
            y = 100 * Sin(pi * i)
            sc(bx + x, by + y) = 2
            sc(bx - x, by + y) = 2
            sc(bx + x, by - y) = 2
            sc(bx - x, by - y) = 2
        Next i

'Graph End

With Sheet1
```

（次ページへ続く）

第9日 簡易グラフィックを使う

```
    Application.ScreenUpdating = False

    For i = 1 To 640
        For j = 1 To 480
            co = sc(i, j)
            If co <> 1 Then .Cells(j, i).Interior.ColorIndex = co
        Next j
    Next i

    Application.ScreenUpdating = True

End With
```

　この段階でパソコンが動かなくなるようでしたら、あなたのパソコンのExcelプログラムによる負荷が大きすぎるものと考えられます。その場合は、付録3の方法を試してみてください。なお、この状態から復旧させるには、Ctrlキー、Altキー、Delキーを同時に押してタスクマネージャーを起動し、Excelを終了させてください。

　無事にプログラムが動けば、画面が黒くなります。これは画像が大きすぎて表示が間に合っていないせいです。適当に縮小して画面に収まるようにする必要があるので、右下の表示のズームボタン（図の囲み）で縮小率の調節をします。皆さんのパソコンの画面の大きさはまちまちなので、縮小率をいくつと提示できませんので、以下の方法で適当な表示倍率を調節してください。

　まずはズームボタンを左端までドラッグし、最小の10％にしてください。

　すると、画面に円が現れます。何もない真っ黒な画面ではなく、円が描かれていました。

9-3　簡易グラフィックの準備

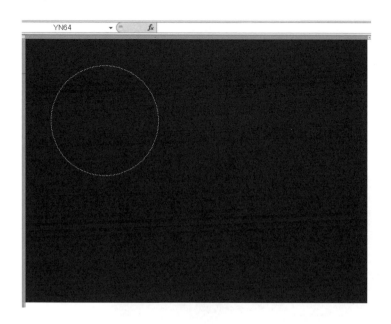

ここからズームボタンを少しずつ右にドラッグします。

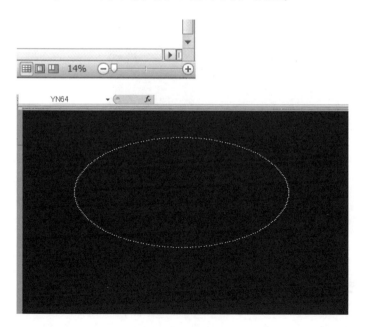

　すると画面と円が大きくなりますが、円は歪んでしまいます。さらに、右に行きすぎると大きくなりすぎて、黒い部分や円が表示からはみ出します。左右にズームボタンを動かしているうちに、適当な縮小率になると黒い範囲も画面にだいたい収まり、円も歪んでいない状態になります。私のパソコンでは 17% でした。

第9日　簡易グラフィックを使う

調整に手間取るようでしたら、とりあえず最小の 10％ にしておきましょう。

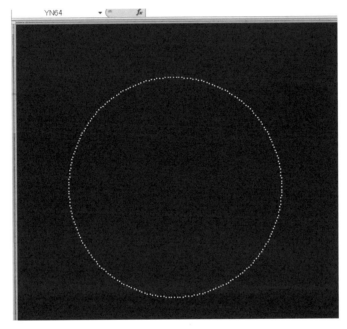

　この状態でファイルを保存してください。以後、簡易グラフィックのプログラムを使うときはこの保存したファイルが「種（シード）」になりますので、新しくプログラムを作ったときは別の名前で保存し、上書きしないように注意しましょう。
　以上で準備は終わりです。

9-4　簡易グラフィックの準備プログラムの内容

　グラフィックのプログラムを早く楽しみたいと思いますので、準備プログラムの説明は必要最小限にします。
　見慣れない言葉が並んでいるのは、次の部分です。

9-4 簡易グラフィックの準備プログラムの内容

```
    Application.ScreenUpdating = False

        .Range(Cells(1, 1), Cells(480, 640)).RowHeight = 8
        .Range(Cells(1, 1), Cells(480, 640)).ColumnWidth = 1
        .Range(Cells(1, 1), Cells(480, 640)).Interior.ColorIndex = 1

    Application.ScreenUpdating = True
```

Application.ScreenUpdating = False と **Application.ScreenUpdating = True** に挟まれています。Excel では**セルの内容を変更すると即座に画面表示に反映されますが、これを一時的に止める**ものです。変更のたびに画面表示を更新していると、その分時間が余計にかかります。そこで、最終結論がわかっているような処理については更新を中止して時間を節約します。

次に **Range** ですが、**Cells** が**1つのセルを指定**するのに対して、これは**一度に複数のセルを指定**する方法です。指定範囲は長方形に囲まれたセルで、左上と右下のセルを（ ）内に書きます。このプログラムでは (1, 1) から (480, 640) です。解像度は横が 640 で縦が 480 でした。横方向が列、縦方向が行の指定になりますので、この指定で間違いないことを理解してください。

指定された範囲のセルの何にアクセスするかということが **RowHeight, ColumnWidth, Interior.ColorIndex** です。最初から、**高さ**、**幅**、**背景色**を意味しています。色が 1 となっていますが、これは「黒」を指定する**カラーインデックス**の番号です。**With Sheet1** とありますので、Sheet1 にグラフィックを表示する黒い背景の画面ができました。

次は、二次元の配列 **sc** のすべての変数に、**For-Next** ループを使って **1** を代入しています。配列の大きさは 480 行 640 列で、解像度と同じです。配列 **sc** はグラフィック画面のドットの色を表しています。最初の段階で真っ黒い画面ですので、すべてのドットの色が黒になっています。1 を代入しておくのは、画面の状態と配列の初期状態を一致させておくためです。

```
    For i = 1 To 640
        For j = 1 To 480
          sc(i, j) = 1
        Next j
    Next i
```

この後に円を描く処理がありますが、とりあえず現時点では本質的ではないので、ここでの説明は省略します。

最後の部分です。**Application.ScreenUpdating = False** と **Application.ScreenUpdating = True** は説明が終わっています。この行の間の処理中は、Excel のスプレッドシートの更新が止まっています。

この間の処理は、配列 sc の数値をセルの背景色として、すべてのセルに代入しています。

```
Application.ScreenUpdating = False

    For i = 1 To 640
        For j = 1 To 480
            co = sc(i, j)
            If co <> 1 Then .Cells(j, i).Interior.ColorIndex = co
        Next j
    Next i

Application.ScreenUpdating = True
```

当然のことですが、配列 sc の内容を書き換えるだけではグラフィック画面は変化しません。配列 sc をとりあえず画面に見立てて、図形やグラフなどを描き、最終結果をここでセルに出力するのです。たくさんのセルの1個1個に出力するたびに画面を更新していては時間がかかるので、ここでも画面の更新を一時的に止めてしまいます。また、出力する色が黒のときはセルの背景色の変更は必要がないので、If 文で処理を行わないようにして時間を節約しています。

カラーインデックスとセルの背景色との関係について 8 番まで示しておきます。

| 1 | 黒 | 2 | 白 | 3 | 赤 | 4 | 緑 |
| 5 | シアン | 6 | 黄 | 7 | マゼンダ | 8 | 水色 |

カラーインデックスの詳細は下記のウェブページなどを参照してください。

http://www.relief.jp/itnote/archives/000482.php

これでグラフィックを使う画面はできましたが、これを使うためにはいくつか小道具を準備する必要があります。たとえば、画面に点を描く、線を引くといった処理は何度も行うものですから、そのつど処理するプログラムを書いていてはたいへんです。こういうときに便利な、サブルーチンという機能がありますので次節で説明します。

9-5　サブルーチンの使い方

これからの処理に必要な手法として、**サブルーチン**というものがあります。同じ処理がプログラムのあちらこちらにある場合、これを1つにまとめてしまうことができます。プログラムがスッキリしますが、それ以上に、処理内容を変更したりエラーがあったときに修正する箇所がサブルーチンだけなので、楽になりますし、間違いも起こりにくくなります。

9-5 サブルーチンの使い方

サブルーチンの使い方を以下のプログラムで説明します。

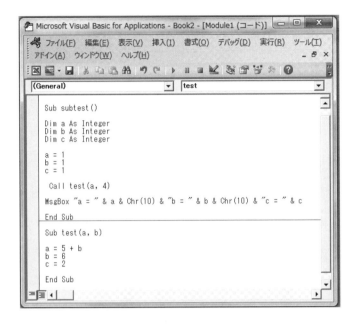

新しい単語は `Call` です。

```
Call test(a, 4)
```

test(a, 4) を呼び出し（Call）ているわけですが、test って何でしょう。下の方に Sub test(a, b) という部分がありますが、Call によりここへプログラムの処理が移ります。そこでの処理は End Sub までで、ここにくると Call で呼ばれたところに戻ります。

大切なことは、プログラム中で何か所も Call 文があって、同じサブルーチンを呼び出しても処理が終わると呼び出した Call 文のところに自動的に戻ってくれることです。ですから、プログラムを作るときに戻る場所のことは、一切気にしないでかまいません。ちなみに、呼び出し元のプログラムをサブルーチンに対して**メインルーチン**と呼びます。

サブルーチンそのものは、下の Sub test(a, b) と End Sub の間に書かれているプログラムです。(a, b) の中の変数 a と変数 b が、メインルーチンからサブルーチンに対して処理に必要な数値を引き渡しますので、関数と同じように**引数**と呼ばれます。

面倒なのは、引数による変数や数値の受け渡しのルールです。サブルーチンで処理をするために必要な値は、Call 文で呼び出すタイミングや場所により異なりますので、引数として引き渡すのです。しかし、サブルーチン中の処理にだけ必要な変数もあります。そのあたりの整理はどうなるのかを理解しておかないと、思わぬエラーの原因になります。そこで、このプログラムで整理しておきます。

第9日 簡易グラフィックを使う

まずこのプログラムですが、実行すると残念ながらエラーになります。

「変数が定義されていません」とありますが、最初に `Dim c As Integer` としっかり変数 c は宣言をしてあります。しかし、サブルーチンの引数には c がありません。そこで１つ目のポイントです。

● ポイント１

サブルーチンの定義で引数に使った変数以外は、サブルーチン内で新たに宣言しなければならない。

これを踏まえて、サブルーチン内で変数 c を宣言します。今度は実行できました。

9-5 サブルーチンの使い方

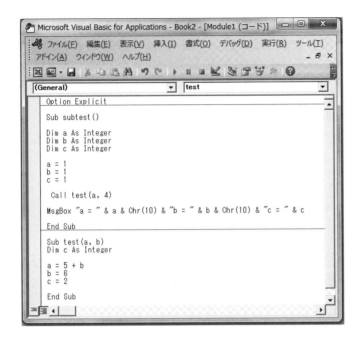

このようなサブルーチン内で宣言された変数を、**ローカル変数**といいます。次に出力された結果を見てみます。最初はすべて1でしたが、サブルーチンでの処理の結果、変化しています。

変数 c から見ていきます。メインルーチン内で c = 1 としましたが、サブルーチン内で c = 2 としています。結果を見ると、c = 1 とメインルーチンでの処理結果が出力されています。ここで2つ目のポイントです。

● ポイント2

ローカル変数の内容は、メインルーチンにおける同名の変数に影響を与えない。

今度は変数 b です。こちらは引数としてサブルーチンの定義に使われています。メインルーチン内で b = 1 とし、サブルーチン内で b = 6 としています。結果を見ると、b = 1 とメインルーチン内の処理結果が出力されています。

第9日　簡易グラフィックを使う

　　結論を出す前に、同じく引数としてサブルーチンの定義に使われている変数 a の結果です。サブルーチンの呼び出しには、変数 b と違って、引数の位置には変数 a そのものが使われています。

```
Call test(a, 4)
```

元々 a = 1 なのが変化して、a = 9 が出力されています。サブルーチン内で a = 5 + b とありますが、a = 9 なので b = 4 となり、メインルーチンの引数で定義されている変数 b の位置にある 4 だと考えるべきです。しかし、変数 b は変化していません。

　　以上をまとめると 3 つのポイントが得られます。

- **ポイント 3**
  サブルーチンの定義で引数に使われている変数でも、変数そのものを引数として呼び出しに使わなければ、サブルーチン内での処理結果は反映されない。

- **ポイント 4**
  サブルーチンの定義で引数に使われている変数を、引数の呼び出しの位置に置いてサブルーチンを呼び出すと、サブルーチン内での処理結果が反映される。

- **ポイント 5**
  サブルーチンを呼び出すときに引数の位置にある数値は、サブルーチン内では定義に使われた変数の値として使われる。

　　最後に、サブルーチンの定義に使った変数を、呼び出すときに別の位置に置いてみます。結果はどうなるでしょう。

9-5 サブルーチンの使い方

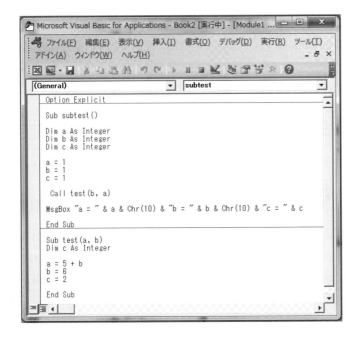

出力結果は次のとおりです。

予想どおりになったでしょうか？
ここで最後のポイントです。

● ポイント 6
　　サブルーチンの定義で引数に使った変数の位置を、呼び出すときに変えない。

「こうしたらどうなるか？」ではなく、「予想困難なことをしない」ことが大切です。わざわざこんなトリッキーなプログラムを書かないようにするのが、一番の解決方法です。
　以上のポイントを踏まえ、簡易グラフィックで使うサブルーチンでは、

● 描画結果を書き込む配列 sc 以外は、引数に使った変数に代入しない。
● 引数の値は、（なるべく）サブルーチン内で宣言した変数に引き渡す。

第9日 簡易グラフィックを使う

これらを徹底することで、サブルーチンの使用時に想定外の事態が起こらないようにします。なお、一言断っておきますが、サブルーチンでの引数に関する変数の**適用範囲**（**スコープ**）に関する本書の解説は、必ずしも正確なものではありません。**簡単なプログラムを楽しむ程度にVBAを利用する限りにおいて、差し当たり困らないよう注意点を整理したもの**です。実際はより精緻かつ複雑なルールが定められていますので、VBAを使って本書の範囲を超えた高度な開発などを行う際には、他の解説書や専門書で学習してください。

9-6 点を描き、線を引くサブルーチン

グラフィックの基本は**点**です。ある座標に点を描くには、相当する位置のセルの背景色を変更させます。簡易グラフィックでは、一時的に二次元の配列 sc の相当する変数の値を変えておいて、最終的にまとめてセルの背景色を変更します。

たとえば、a 行 b 列のセルで白色（コード 2）を表示させるには、sc(b, a) = 2 とすれば最終的に白い点が画面に表示されます。実態はこのとおりなのですが、セルや最終的な画面での話をいちいち断っていると解説が余計にかかりますので、これからは、

「画面上の座標 (x, y) にカラーコード c の点を描くには、sc(x, y) = c とする」

と表現します。簡易グラフィックの「種」となるシードプログラムを使う限りは、セルの処理はシードプログラムがすべて実施しますので、ユーザーはセルについて考える必要は一切なく、結果だけ使えばよいわけです。

それでは、**点を描く**サブルーチン dot から説明を始めます。

座標 (x, y) にカラーコードを代入すればよいのですが、配列 sc で x の範囲は 1 ≦ x ≦ 640、y の範囲は 1 ≦ y ≦ 480 なので、この範囲の外に代入しようとするとエラーになります。If 文で配列 sc の範囲内にあることを確認してから、カラーコード c を配列 sc に代入し、メインルーチンに戻ります。

```
Sub dot(sc, x, y, c)
    If x >= 1 And x <= 640 And y >= 0 And y <= 480 Then sc(x, y) = c
End Sub
```

次に、**線を引く**サブルーチン lin です。線は点の集合ですので、始点から終点まで点を打っていきます。

必要となるメインルーチンからの情報は、始点の座標 (sx, sy)、終点の座標 (ex, ey)、

9-6 点を描き、線を引くサブルーチン

カラーコード c です。ローカル変数として、d が 2 点間の距離で d = Sqr((ex - sx) ^ 2 + (ey - sy) ^ 2)、(dx, dy) が始点から終点に向かうベクトルの単位ベクトル、点を打つ座標が (x, y) です。単位ベクトルについては、サブルーチン内で次のように計算してあります。

```
dx = (ex - sx) / d
dy = (ey - sy) / d
```

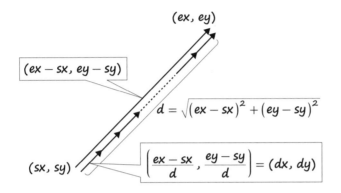

始点 (sx, sy) を座標 (x, y) の初期値としておきます。For-Next ループでカウンタ変数 i が d 回繰り返されるごとに、単位ベクトル (dx, dy) を座標 (x, y) に足したものを、新たな座標 (x, y) とし、サブルーチン dot を呼び出して点を描きます。このように、直線を引くにはベクトルを使う方法が簡単です。

特に、単位ベクトルは始点と終点の間にある座標を順番に計算できるので、非常に便利な考え方です。線を引く以外にも時々出てきますので、しっかり使い方を覚えておきましょう。

さて、サブルーチン dot では、点を描く前に画面の範囲内であることを確認しますので、サブルーチン lin の始点、終点、あるいは線上の点が画面の範囲内になくても、エラーになりません。また、線の途中でも画面の範囲内にあると線を描きます。

サブルーチン lin からサブルーチン dot を呼び出すとは、下請けの仕事を受ける孫請けのようなものですが、プログラムの世界では頻繁に行われます。引数のうち「変える変数」「変えない変数」をしっかり意識していれば、まず問題は起こりません。

これで (sx, sy) から (ex, ey) にカラーコード c の線が引けますが、1 つ問題があります。始点と終点が同じだったらどうなるかということです。d が 0 になるので、割り算をしている段階でエラーになります。d が 0 の場合は x = sx, y = sy としてサブルーチン dot を呼び出して、始点に 1 つ点を打ってメインルーチンに戻ります。これには If 文による条件分岐を使います。このプログラムで復習しておいてください。

第9日 簡易グラフィックを使う

```
Sub lin(sc, sx, sy, ex, ey, c)

Dim x As Single
Dim y As Single
Dim i As Integer
Dim dx As Single
Dim dy As Single
Dim d As Single

    d = Sqr((ex - sx) ^ 2 + (ey - sy) ^ 2)

    If d =  0 Then
        x = sx
        y = sy
        Call dot(sc, x, y, c)

    Else
        dx = (ex - sx) / d
        dy = (ey - sy) / d
        d = Int(d)
        x = sx
        y = sy

        For i = 0 To d
            x = x + dx
            y = y + dy
            Call dot(sc, x, y, c)
        Next i

    End If
End Sub
```

　以上のような処理を行うことで、メインルーチンからこのサブルーチン **lin** を呼び出せば、線が引けます。

　実際にサブルーチンを呼び出す、最終的なプログラムは、最後の 9-9 節に示します。

9-7 円を描く（線画）のサブルーチン

　次は、**円を線で描く**サブルーチン **cir** です。引数は仮想画面の配列 **sc**、円の中心座標の **sx**, **sy**、半径 **r** と線の色のカラーコード **c** です。円形に塗りつぶすサブルーチンについては 9-8 節で紹介します。

9-7 円を描く（線画）のサブルーチン

原点を中心とする半径 `r` の円の方程式は $x^2 + y^2 = r^2$ なので、`For-Next` ループのカウンタ変数 `i` を `x` とし、`y` の値を `sn` とすれば、`sn = Sqr(r ^ 2 - i ^ 2)` ($= \sqrt{r^2 - i^2}$) となります。実際に描く円の中心は `(sx, sy)` なので、点を描く座標は `(sx + i, sy + sn)` になります。これを `x, y` に代入してサブルーチン `dot` を呼び出して点を描きます。

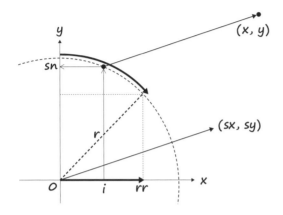

本来ならカウンタ変数 `i` は `0` から `r` まで変化するのですが、プログラムでは `r` を 1.4 （≒ $\sqrt{2}$）で割った `rr` という値までになっています。その理由は、これ以上に `i` が大きな値になると、`i` が 1 変化すると `sn` が 1 よりも大きく変化するからです。

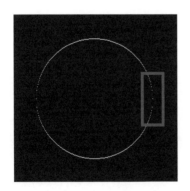

そうすると、上図の囲みに示したように、描かれた円が切れ切れになってしまいます。そこで、これより大きな値のときは `x` から `y` を求めるのではなく、`y` から `x` を求めるようにすべきですが、もっと簡単な方法があります。

円は上下左右に対称なので、`i` (`x`) と `sn` (`y`) とを次の図のように使い回しをして円を描くのです。`Sqr` 関数も 1 回だけしか使わないので、時間の節約にもなります。サブルーチン `dot` の引数になる `x` と `y` を計算するのに、あるときは `sx` に、またあるときは `sy` に、`i` と `sn` を足したり引いたりしますので、間違えないようにしましょう。

第9日 簡易グラフィックを使う

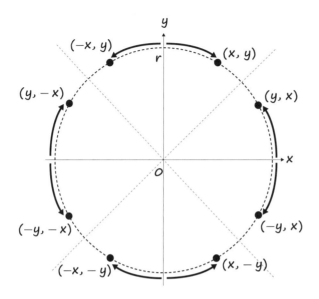

最終的に、こうして描かれた円には切れ目がありません。

```
Sub cir(sc, sx, sy, r, c)
'円描きサブ (線画)

Dim i As Integer
Dim sn As Single
Dim x As Single
Dim y As Single
Dim rr As Integer

rr = r / 1.4

For i = 0 To rr
    sn = Sqr(r ^ 2 - i ^ 2)
    
    x = sx + i
```

```
        y = sy - sn
        Call dot(sc, x, y, c)

        x = sx + i
        y = sy + sn
        Call dot(sc, x, y, c)

        x = sx - i
        y = sy + sn
        Call dot(sc, x, y, c)

        x = sx - i
        y = sy - sn
        Call dot(sc, x, y, c)

        x = sx + sn
        y = sy - i
        Call dot(sc, x, y, c)

        x = sx + sn
        y = sy + i
        Call dot(sc, x, y, c)

        x = sx - sn
        y = sy + i
        Call dot(sc, x, y, c)

        x = sx - sn
        y = sy - i
        Call dot(sc, x, y, c)

        Next i
End Sub
```

これで円を描くサブルーチンの出来上がりです。

実際にサブルーチンを呼び出す、最終的なプログラムは、最後の 9-9 節に示します。

9-8　円を描く（塗りつぶし）のサブルーチン

次も円ですが、今度は**円の内部を指定した色で塗りつぶし**ます。サブルーチン en には cir と同じ引数を使っています。原理ですが、ある y の値 i について、円周上の 2 点間にサブルーチン lin を呼び出してカラーコード c の線を引くことを繰り返すというものです。

第9日 簡易グラフィックを使う

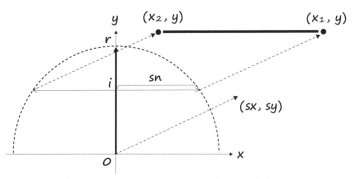

※ x_1 などはプログラムでは **x1** などのように対応しています。

円の対象性を利用して、**y >= 0** の値を **y < 0** のときにも使い回しています。円周上の点の座標を求める計算方法は 9-7 節と同じですので、確認しておいてください。

```
Sub en(sc, sx, sy, r, c)
'円描きサブ (中塗り)

Dim i As Integer
Dim x1 As Single
Dim x2 As Single
Dim y As Single
Dim sn As Single

For i = 0 To r
    sn = Sqr(r * r - i * i)
    y = sy + i
    x1 = sx + sn
    x2 = sx - sn
        Call lin(sc, x1, y, x2, y, c)
    y = sy - i
        Call lin(sc, x1, y, x2, y, c)
Next i

End Sub
```

これで、点を描く、線を引く、円（線）を描く、円（塗りつぶし）を描くという4つの基本となるサブルーチンができました。これを先に作った簡易グラフィックのプログラムに加えておけば、自由に呼び出して画面に図形を描けます。

最終的なプログラムは次節でまとめて示します。

9-9　簡易グラフィック用のシードプログラムの完成

完成した簡易グラフィック用のシードプログラムです。これを使ってプログラムを作るときには、「ユーザープログラム用変数」に変数を宣言し、「ユーザープログラム領域」に処理プログラムを書きます。その他の部分のプログラムを変更しないようにしましょう。

このような使い方をする限り、画面の初期化や最終結果を表示する、あるいはサブルーチンで点、線、円を描くということについては、Excelのセルを使っていることに対する一切の配慮は不要になります。

第10日で具体的なグラフィックをプログラミングしていきますが、以後は、「ユーザープログラム用変数」と「ユーザープログラム領域」の内容だけを示して説明することとします。

```
Option Explicit

Sub grap_01()

'簡易グラフィック用変数
Dim sc(640, 480) As Integer
Dim i As Integer
Dim j As Integer
Dim co As Integer

'組み込み図形用変数
Dim sx As Single
Dim sy As Single
Dim ex As Single
Dim ey As Single
Dim px As Single
Dim py As Single
Dim c As Integer
Dim r As Integer

'ユーザープログラム用変数
' (変数領域)

With Sheet1

    Application.ScreenUpdating = False

        .Range(Cells(1, 1), Cells(480, 640)).RowHeight = 8
        .Range(Cells(1, 1), Cells(480, 640)).ColumnWidth = 1
        .Range(Cells(1, 1), Cells(480, 640)).Interior.ColorIndex = 1

    Application.ScreenUpdating = True
```

(次ページへ続く)

第9日　簡易グラフィックを使う

```
    For i = 1 To 640
        For j = 1 To 480
         sc(i, j) = 1
        Next j
    Next i

End With

MsgBox "Start"

'Graph Start

'  (ユーザープログラム領域)

'Graph End

MsgBox "End"

With Sheet1

    Application.ScreenUpdating = False

        For i = 1 To 640
            For j = 1 To 480
                co = sc(i, j)
                If co <> 1 Then .Cells(j, i).Interior.ColorIndex = co
            Next j
        Next i

    Application.ScreenUpdating = True

End With

End Sub

Sub dot(sc, x, y, c)
'点打ちサブ

If x >= 1 And x <= 640 And y >= 0 And y <= 480 Then sc(x, y) = c

End Sub

Sub lin(sc, sx, sy, ex, ey, c)
'線引きサブ

Dim x As Single
Dim y As Single
Dim i As Integer
```

```
Dim dx As Single
Dim dy As Single
Dim d As Single

    If sx = ex And sy = ey Then

    Call dot(sc, ex, ey, c)

    Else

    d = Sqr((ex - sx) ^ 2 + (ey - sy) ^ 2)
    dx = (ex - sx) / d
    dy = (ey - sy) / d
    d = Int(d)
    x = sx
    y = sy

    For i = 0 To d
        x = x + dx
        y = y + dy
        Call dot(sc, x, y, c)
    Next i

    End If

End Sub

Sub cir(sc, sx, sy, r, c)
'円描きサブ (線画)

Dim i As Integer
Dim sn As Single
Dim x As Single
Dim y As Single

For i = 0 To r
    sn = Sqr(r ^ 2 - i ^ 2)

    x = sx + i
    y = sy - sn
    Call dot(sc, x, y, c)

    x = sx + i
    y = sy + sn
    Call dot(sc, x, y, c)

    x = sx - i
    y = sy + sn
    Call dot(sc, x, y, c)
```

(次ページへ続く)

```
        x = sx - i
        y = sy - sn
        Call dot(sc, x, y, c)

        x = sx + sn
        y = sy - i
        Call dot(sc, x, y, c)

        x = sx + sn
        y = sy + i
        Call dot(sc, x, y, c)

        x = sx - sn
        y = sy + i
        Call dot(sc, x, y, c)

        x = sx - sn
        y = sy - i
        Call dot(sc, x, y, c)

    Next i

End Sub

Sub en(sc, sx, sy, r, c)
'円描きサブ（中塗り）

Dim i As Integer
Dim x1 As Single
Dim x2 As Single
Dim y As Single
Dim sn As Single

For i = 0 To r
    sn = Sqr(r * r - i * i)
    y = sy + i
    x1 = sx + sn
    x2 = sx - sn
        Call lin(sc, x1, y, x2, y, c)
    y = sy - i
        Call lin(sc, x1, y, x2, y, c)
Next i

End Sub
```

このシードプログラムの具体的な使用方法は第 10 日に説明します。

第10日

さまざまなグラフィック

本日は、具体的なグラフィックの使い方をいくつか説明していきます。第9日で作ったシードプログラムは共通なので、ここではユーザープログラム用変数とユーザープログラム領域の処理プログラムだけを示します。

実際に使うときは、シードプログラムの所定の位置にこれらを書き込んでください。

なお、オーム社ホームページからダウンロードできるプログラムファイルには、プログラム全文が掲載されています。

 10-1　モワレ模様

画面内部の点から画面の外周に沿って直線を引くと、模様が現れます。このような模様を**モワレ模様**といいます。

第10日　さまざまなグラフィック

　プログラムでは内部の点 (`bx`, `by`) を始点として、`For-Next` ループで外周上の点を終点として動かしながら、始点と終点の間に次々に線を引いていきます。以下のプログラムでは、画面の上縁、右縁、下縁、左縁の順に処理をする 4 つの `For-Next` ループがありますので、カウンタ変数 `i` による終点の指定方法を確認しておきましょう。プログラムでは、始点と終点が決まった時点でサブルーチン `lin` を呼び出しています。サブルーチンに任せておけばわずらわしい処理は一切ありません。

　なお、`For-Next` ループの `Step` が 4 になっていますが、1 だと線の密度が高すぎて、中央部のように画面が真っ白になり、モワレ模様が見にくくなるためです。また、内部の点は上下左右とも中心部になっていますが、`bx` と `by` の値を変えれば簡単に変更できますので、点を動かすと模様がどうなるのか試してみてください。

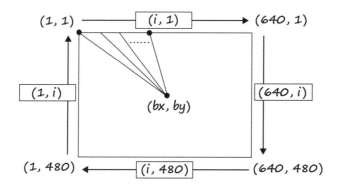

　なお、以下のプログラムについては、シードプログラムそのものは省略し、p.133 の「ユーザープログラム用変数（変数領域）」と、p.134 の「（ユーザープログラム領域）」に入力する内容のみを記載しています。シードプログラムの指定の位置に、以下の「■ユーザープログラム用変数」と「■ユーザープログラム領域」の内容をそれぞれ入力してください。プログラムを実行する前に保存しますが、そのまま上書きするとシードプログラムが変更されてしまうので、別の名前でファイルを保存してください。

■ユーザープログラム用変数

```
Dim bx As Integer
Dim by As Integer
```

■ユーザープログラム領域

```
'Graph Start

    bx = 320
    by = 240
```

```
            For i = 1 To 640 Step 4

                Call lin(sc, bx, by, i, 0, 2)

            Next i

            For i = 1 To 480 Step 4
                Call lin(sc, bx, by, 640, i, 2)
            Next i

            For i = 1 To 640 Step 4

                Call lin(sc, bx, by, i, 480, 2)

            Next i

            For i = 1 To 480 Step 4

                Call lin(sc, bx, by, 0, i, 2)

            Next i

'Graph End
```

10-2 シャボン玉

円（塗りつぶし）を描くサブルーチンを使ったグラフィックです。50個の円を中心、半径、色を乱数で決めて描きます。

中心のx座標が **Int(Rnd(1) * 600 + 40)** なので、40から639の間の数値になります。同様にy座標は80から479、半径が20から80、色（カラーインデックス）は2から6になります。

■ユーザープログラム領域

```
'Graph Start

    For i = 1 To 50

        sx = Int(Rnd(1) * 600 + 40)
        sy = Int(Rnd(1) * 400 + 80)
        r  = Int(Rnd(1) * 60 + 20)
        c  = Int(Rnd(1) * 4 + 2)
```

（次ページへ続く）

第10日 さまざまなグラフィック

```
            Call en(sc, sx, sy, r, c)

    Next i

'Graph End
```

これらの値をサブルーチン **en** に引き渡して円を描きます。**For-Next** ループで 50 回処理します。

乱数を使っているので、実行するたびに違った絵になります。

呼び出すサブルーチンを **cir** に変えたのが、次のプログラムです。中塗りをしない円を同様に 50 個描きます。サブルーチンが変わっている以外はすべて同じプログラムです。簡単なプログラムですが、出力結果が毎回変わるのがおもしろいところです。

■ユーザープログラム領域

```
'Graph Start

    For i = 1 To 50

        sx = Int(Rnd(1) * 600 + 40)
        sy = Int(Rnd(1) * 400 + 80)
        r = Int(Rnd(1) * 60 + 20)
        c = Int(Rnd(1) * 4 + 2)
        Call cir(sc, sx, sy, r, c)

    Next i

'Graph End
```

10-3 Sin カーブ

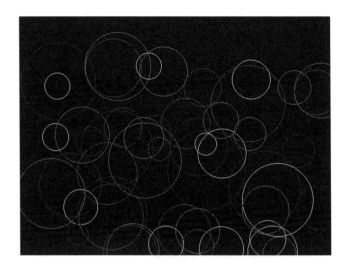

10-3 Sin カーブ

第 9 日は、三角関数の計算データをスプレッドシートに書き出して、Excel のグラフ機能でグラフを描きました。今回は簡易グラフィックを使い、VBA だけでグラフを描いてみます。

■ユーザープログラム用変数

```
Dim bx As Integer
Dim by As Integer
Dim pi As Single
Dim y As Single
Dim ht As Single
Dim ph As Single
```

■ユーザープログラム領域

```
'Graph Start

    bx = 50
    by = 240
    ht = 200
    pi = 355 / 113

    Call lin(sc, bx, by, bx + 500, by, 2)
    Call lin(sc, bx, by - 200, bx, by + 200, 2)

    For j = 0 To 6
```

(次ページへ続く)

第10日　さまざまなグラフィック

```
        ph = pi / 6 * j
        For i = 0 To 500
            y = ht * Sin(pi / 250 * i - ph)
            Call dot(sc, bx + i, by - y, j + 2)
        Next i
    Next j

'Graph End
```

プログラムの実行結果です。

Sin 関数を使って変位（y の値）の計算をしている式を見てみます。

```
y = ht * Sin(pi / 250 * i - ph)
```

For-Next ループを使ってカウンタ変数 i が 0 から 500 まで変化することで、pi / 250 * i の値は 0 から 2π まで、つまり 1 周期分変化します。点を打つ x 座標は bx + i なので、50 から始まって 550 で終わります。画面の x 座標の範囲は 1 から 640 までなので、この範囲に収まっています。

Sin 関数の中にある変数 ph は、カウンタ変数 j の For-Next ループに入ったところで、pi / 6 * j が代入されるので、j が 0 から 6 まで変化すると 0 から π まで π/6 ずつ変化します。これを Sin 関数の引数である pi / 250 * i から引き算しているので、j が 1 増えるごとに π/6 ずつ位相が右方向にずれていくわけです。上のグラフを実際に VBA で出力した結果、白（2）→赤（3）→緑（4）→シアン（5）→黄（6）→マゼンダ（7）→水色（8）の順番で右方向に曲線がずれていくのはこのためです。

最後の水色で位相が π ずれていますので、グラフ全体は半波長のずれになり、元の白いグラフ上のすべての点の変位が x 軸を挟んで対称になっています。このように、このプログラムは物

理学で習う波動方程式の簡単なシミュレーションにもなっています。波の波長や変位、位相などのパラメーターを入力して波動関数のグラフを描かせることも可能ですので、挑戦してみてください。さらに `Exp` 関数を使って波の減衰する様子を描くこともできます。

次に変位について見てみると、それぞれのカウンタ変数 `i` で計算した `y` を `ht` (= 200) 倍して、240 (= `by`) から引いています (`by` - `y`)。`Sin` 関数は -1 から 1 までの値ですので、`ht` 倍した値は -200 から 200 までの大きさになります。240 から引き算した値は 40 から 440 までになり、1 から 480 の画面の大きさに収まります。`ht` の数値や原点の位置は、このように画面内に収まるよう計算して決めています。

ここで注意すべきことは、**パソコンの画面は上から下に y 座標の値が大きく**なりますが、日頃見慣れた**グラフでは上にいくに従って y の値は大きく**なるので、逆になっています。本来であれば、原点の y 座標の値に計算した y を足すのですが、簡易グラフィックでは y 座標から y の値を引くことで、見慣れたグラフになるようにしています。`Call` 文で `dot` の y 座標指定が `by` - `y` になっているのはこのためです。

このことは、普段見慣れた xy 座標のグラフを描くときに常に意識しておかないと、上下が逆さまのグラフになるので注意しましょう。

10-4　回転の公式

もう少し動きのある図形を描いてみます。ただし、簡易グラフィックでは結果のみを表示するので、本当に点や線を動かすことはできません。そこで選んだのが、回転の公式を使った**図形の回転**です。

行列を習うと、**回転の公式**が必ずセットになって出てきます。

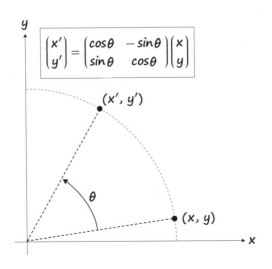

第10日　さまざまなグラフィック

　この図は、原点を中心に角度 θ 回転した場合の座標を計算する方法を行列で表したものです。日常生活ではお世話になることはありませんが、グラフィックを使うときには頻繁に使う便利な公式です。

　実際にプログラムで使ってみると、確かに回転していることが視覚的に確認できます。点を回転させてもおもしろさが少ないので、三角形を回転させてみます。3つの頂点を回転させて直線でつないで三角形にしてみると、三角形がそのままの形で回転しているのを視覚的に確認することができます。

■ユーザープログラム用変数

```
Dim bx As Integer
Dim by As Integer
Dim x As Integer
Dim y As Integer
Dim tx(3) As Single
Dim ty(3) As Single
Dim sn As Single
Dim cs As Single
Dim pi As Single
Dim sj As Integer
Dim ej As Integer
```

■ユーザープログラム領域

```
'Graph Start

    pi = 355 / 113
    bx = 320
    by = 240

    Call lin(sc, 0, 240, 640, 240, 2)
    Call lin(sc, 320, 0, 320, 480, 2)

    sn = Sin(pi / 8)
    cs = Cos(pi / 8)

    tx(1) = 200: ty(1) = -80
    tx(2) = 40:  ty(2) = -30
    tx(3) = 120: ty(3) = 100

    For i = 1 To 16
        co = (i Mod 8) + 2

        For j = 1 To 3
```

10-4 回転の公式

```
            sj = j
            ej = j + 1

            If ej = 4 Then ej = 1

            sx = bx + tx(sj): sy = by - ty(sj)
            ex = bx + tx(ej): ey = by - ty(ej)

            Call lin(sc, sx, sy, ex, ey, co)

        Next j

        For j = 1 To 3

            x = tx(j)
            y = ty(j)
            tx(j) = cs * x - sn * y
            ty(j) = sn * x + cs * y

        Next j

    Next i

'Graph End
```

プログラムの説明です。まず必要な変数を宣言しますが、処理部分に出てきますので説明は省略します。

pi には π の値、**bx, by** には原点となる座標 (320, 240) を代入しておきます。もう一度確認しておきます。xy 座標の点 **(x, y)** を画面上に点として打つには、画面上の座標 **(bx + x, by - y)** に点を打ちます。次の 2 つの **Call** 文は、x 軸と y 軸を白線で引いています。

次の行にある変数 **sn** と **cs** ですが、それぞれ $\sin(π/8)$ と $\cos(π/8)$ の値を代入しています。毎回三角関数を計算しなくても、変数に代入しておけば毎回その数値が使えます。エラーを防ぎ、計算時間を短くする方法です。

配列 **tx** と **ty** ですが、三角形の 3 つ頂点の x 座標と y 座標を表すものです。適当に変えれば、別の三角形を回転させることができます。

For-Next ループが、カウンタ変数 **i** と **j** の 2 つでネスティングしています。外側の **For-Next** ループはカウンタ変数 **i** のものですが、1 から 16 まで変化します。これは 16 回三角形を回転させるためのループです。**co** は三角形の色ですが、**i** を 8 で割った余りに 2 を足しています。0 と 1 を避けて色分けして三角形を描くようにするためのものです。なぜこれでよいのかは考えてみてください。

次の **For-Next** ループは、カウンタ変数が **j** で 1 から 3 まで変化します。変数 **sj** には **j** が代入され、**ej** には **j** + 1 が代入されますが、次の **If** 文で **ej** が 4 のときは **ej** には 1 が

第10日　さまざまなグラフィック

代入されます。

　次に **sx, sy, ex, ey** を計算していますが、これはさきほどおさらいした xy 座標を画面上の座標に変換している式です。配列 **tx** と **ty** を使って、頂点の座標を呼び出しています。三角形を描くには、頂点 1 から頂点 2 へ線を引き、頂点 2 から頂点 3 へ線を引き、最後は頂点 3 から元の頂点 1 へ線を引きます。

　4 になった **ej** を 1 にするのは、頂点 4 ではなく頂点 1 に戻しているわけです。それぞれの直線の始点 (**sx, sy**) と終点 (**ex, ey**) が計算できたところで、サブルーチン **lin** を呼び出して線を引いています。**j** が 3 回なので三角形が描けます。

　ここからが回転の公式の出番です。行列表示から普通の書き方に直すと次のようになります。

$$(x', y') = (x\cos\theta - y\sin\theta,\ x\sin\theta + y\cos\theta)$$

　次の For-Next ループは、3 つの頂点の座標についてこの計算をします。最初に変数 **x** と **y** に配列 **tx** と **ty** の値を回避させていることに注意しましょう。何度か出てきていますが、計算の途中で **tx** や **ty** 自身の値が変わってしまうので、**x, y** に待避させたものを使うようにします。先に計算しておいた **sn, cs** をここで使います。

```
tx(j) = cs * x - sn * y
ty(j) = sn * x + cs * y
```

　For-Next ループでカウンタ変数 **j** が 1 から 3 まで変化しますので、三角形の 3 頂点の位置が **π/8** だけ回転したはずです。このような回転を 16 回しますので、全体では **2π**、つまり **360°** で 1 回転したことになります。

　こればかりは、数字を見せられても計算結果が正しいかどうかわかりませんので、結果をグラフィックで見てみます。

プログラムを実行すると、原点を中心に回転した 16 個の三角形の画像が出てきます。

回転の公式だけ見せられても本当にそうなるのかと思いますが、こうやって公式を使って実際に回転させることができるのを視覚的に確認できると、「百聞は一見に如かず」で納得しやすくなります。

この公式はコッホ曲線で再び登場します。

10-5　3D グラフ（その 1）

段々と複雑な図形に挑戦していきます。次は**三次元曲面のグラフ**を描いてみます。グラフィックを使ったプログラムで、三次元（3D）は楽しいテーマの 1 つです。ただし、パソコンの画面は二次元ですので、三次元を表現するには一工夫が必要です。

図で原理を説明します。

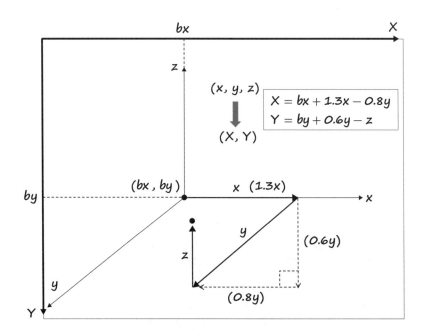

三次元の点 (**x, y, z**) を二次元の画面上の座標 (**X, Y**) に変換する方法を考えてみます。

原点 (**0, 0, 0**) が画面 (**bx, by**) にあるとします。ここから三次元の点 (**x, y, z**) に向かって図のように平面の画面上を順番に移動し、(**X, Y**) に至る平面上の 3 本のベクトル（矢印）で考えます。

- **x** 成分のベクトルについては画面上の **X** 方向と同じなので、(**1.3x, 0**) です。
- **y** 成分のベクトルについては図のとおり、(**−0.8y, 0.6y**) です。

第10日　さまざまなグラフィック

- z成分のベクトルについては画面上のY方向と逆向きなので、(0, −z) です

なお、xの値に 1.3 を掛けているのは、単にこの場合での最終的な見栄えの問題なので本質的なことではなく、あまり気にしないで結構です。yについては、直角三角形の3辺として 5：4：3 になっていることを使っています。

この3つのベクトルを (bx, by) に足せば、(x, y, z) に相当する画面上の座標 (X, Y) になるわけです。最終的な変換の式は

$$X = bx + 1.3x - 0.8y$$
$$Y = by + 0.6y - z$$

となります。なお、この原理を理解しにくいときは、結果の式だけを受け入れてください。結果を使うだけでも、とりあえず問題はありません。

さて、この式を利用して描く曲面ですが、今回は次の関数のグラフを描いてみます。、

$$z = 150 \sin\left(\frac{\pi x}{100}\right) \sin\left(\frac{\pi y}{100}\right)$$

For-Next ループを2つ使って、xが0から200まで、yも0から200まで変化させてzの値を求めて、点 (x, y, z) を計算し、これを (X, Y) に変換して画面に点を描きます。全部の点を描けばグラフになります。x、yとも両方の sin 関数の引数は 0 から 2π まで変化するので、1周期の変化となります。z は sin の値が −1 から 1 までなので −150 から 150 までとなります（いずれグラフの姿は示しますので、その形を想像しておいてください）。

このように、プログラムとしては For-Next ループで z の値を計算して、三次元の点を二次元に変換して点を描くだけなのですが、仮にそれだけを実施した場合の結果は次のようになります。

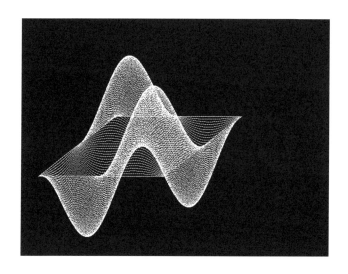

10-5 3Dグラフ（その1）

だいたいの形はともかく、奇妙に見えるのは曲面の後ろの点が透けて見えているからです。本来であれば、曲面の向こう側は見えないはずですが、パソコンはプログラムどおりに点を描くだけですので、見えないはずの点まで描いた結果です。

よりリアルにグラフを見せるには、見えない点は描かないようにする必要があります。これを**隠線処理**と呼び、いろいろな方法があります。今回使う方法では、ベクトルが活躍します。

「僕の家から富士山が見えるので、富士山からも僕の家が見える」

とは子どもが言う理屈ですが、まさにその考え方を使います。

曲面上の点からパソコンの画面に向かう視線をベクトルとして考えます。そのベクトルが曲面と交差すれば視線が遮られることを意味しますが、それは逆にスクリーン側から曲面を見ている私たちからもその点が見えないことになるわけで、そのような点は描かないことにするわけです。

ここでは、$f(x, y) = 150 \sin\left(\dfrac{\pi x}{100}\right) \sin\left(\dfrac{\pi y}{100}\right)$

複雑そうな処理に聞こえますが、**描こうとする点を始点として、視線のベクトルが曲面と交差するかを調べ、交差しない場合は点を描く、交差したら点を描かない**ということです。具体的には、始点から単位ベクトルを足し合わせ、順々に視線上の点を求め、これらの点について曲面との関係をチェックします。

図に示した三次元空間における一般的な関数 $z = f(x, y)$ について考えてみます。図は曲面の断面図ですが、この曲面の下なら関数 $f(x, y)$ の値は z より小さく、曲面の上なら関数 $f(x, y)$ の値は z よりも大きくなります。つまり、ある点 (x, y, z) について $z - f(x, y)$ の値を計算し、その値が正なら曲面の上に、負なら曲面の下にあると判定できるのです。

このようなチェックを始点から伸ばした視線上の点について順次行いますが、それまで曲面の下にあったのが急に上になった、逆に上にあったのが急に下になった場合には、曲面と交差したことを意味します。つまり、元の点がスクリーン側から見て曲面の後ろ側にあるので、そうい

第10日 さまざまなグラフィック

う点は描きません。視線の先が無事にグラフを描いている範囲から出れば、それは見える点なので画面に描きます。

しかし、理屈は理屈として、そういうことが本当にできるのか？　それで正しいのか？　と疑問に思われるでしょうから、プログラムの前に先に結果を示します。

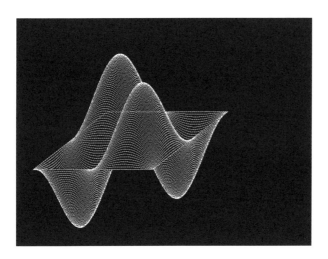

結果はこのとおりで、見えない点は描かれていないので、自然な曲面のグラフになっています（紙面上ではわかりませんが、実際に出力したVBAの画面上では緑の線はグラフを描く x と y の範囲を示す線です）。

理屈がそれなりに筋が通っていて、結果も予想どおりになったわけですので、大きな間違いはなかったとしてもよいでしょう。

それではプログラムを見ていきます。

■ユーザープログラム用変数

```
Dim z As Single
Dim tdx As Single
Dim tdy As Single
Dim pi As Single
Dim ux As Single
Dim uy As Single
Dim uz As Single
Dim nx As Single
Dim ny As Single
Dim nz As Single
Dim hs As Single
Dim hh As Single
Dim d As Single
Dim x As Single
Dim y As Single
```

10-5 3Dグラフ（その1）

```
Dim ht As Single
Dim tht As Single
Dim dlt As Single
```

新しく宣言した変数は、すべて単精度浮動小数点型です。宣言する変数が不足しているとエラーになりますので、チェックしながら入力しましょう。続いてメインルーチンです。

■ユーザープログラム領域

```
'Graph Start

    tht = 58
    dlt = 27
    pi = 355 / 113
    uz = Sin(pi / 180 * dlt)
    d = Cos(pi / 180 * dlt)
    ux = d * Cos(pi / 180 * tht)
    uy = d * Sin(pi / 180 * tht)
    pi = pi / 100
    ht = 150

    Call lin(sc, 200, 200, 460, 200, 4)
    Call lin(sc, 200, 200, 40, 320, 4)
    Call lin(sc, 460, 200, 300, 320, 4)
    Call lin(sc, 40, 320, 300, 320, 4)

    For i = 0 To 200
        y = i
        For j = 0 To 200
            x = j
            z = ht * Sin(pi * y) * Sin(pi * x)

            nx = x + ux
            ny = y + uy
            nz = z + uz
            hs = nz - ht * Sin(pi * ny) * Sin(pi * nx)
            c = 1

            While nx <= 200 And ny <= 200

                nx = nx + ux
                ny = ny + uy
                nz = nz + uz

                hh = nz - ht * Sin(pi * ny) * Sin(pi * nx)

                If hh * hs <= 0 Then c = 0: nx = 201
```

（次ページへ続く）

第10日　さまざまなグラフィック

```
            Wend

        If c = 1 Then

            tdx = 200 + x * 1.3 - 0.8 * y
            tdy = 200 + 0.6 * y - z
            Call dot(sc, tdx, tdy, 2)

        End If

    Next j
  Next i

'Graph End
```

変数に初期値を入力します。`pi`はいつもどおり355/113で円周率を代入しています。次に、視線の単位ベクトルを計算しています。

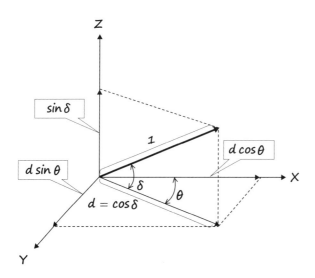

図で`tht`がθ、`dlt`がδに相当します。単位ベクトルは大きさが1なので、図を参考にして、視線の単位ベクトル(`ux`, `uy`, `uz`)は$uz = \sin\delta$、$d = \cos\delta$として$ux = d\cos\theta$、$uy = d\sin\theta$になります。δが27°、θが58°なので、前方から左方向、やや上方向に向かって視線が伸びているという感じです。

この計算の後、`pi`を$\pi/100$にして、zの高さを示す係数の`ht`が150になっています。

続いて4回線を引くサブルーチン`lin`が呼び出されていますが、これはxとyの範囲の目印になる緑の線を引いています。ここまでで下準備が終わりました。

ネスティングした`For-Next`ループでカウンタ変数`i`がy、`j`がxを表していて、それぞれ

10-5 3Dグラフ（その1）

1 から 200 に変化しますから、グラフを描く範囲内の **x, y** のすべての点（ただし両方とも整数）を網羅しています。

ある **i**（**y** の値）と **j**（**x** の値）における関数の値 **z** が

```
z = ht * Sin(pi * i) * Sin(pi * j)
```

と計算されています。隠線処理として、この点から視線のベクトルに沿ってグラフの曲面との関係を While-Wend ループを使って調べていきますが、ループに入る前の下処理を見てみます。

点を描くかどうかを判断する点が **(x, y, z)** とすでに計算されていて、この点に視線の単位ベクトルである **(ux, uy, uz)** を足したものが **(nx, ny, nz)** と計算されています。単位ベクトルの考え方として、視線のベクトル上にある点における曲面との関係を順に調べることにしていますが、まず第一歩となる点を計算しているわけです。

その次に

```
hs = nz - ht * Sin(pi * ny) * Sin(pi * nx)
```

として、**nz** から Sin 関数に **nx** と **ny** を入れた値との差を計算しています。さきほど説明したとおりで、グラフの曲面の下に **(nx, ny, nz)** があれば **hs** は負の値に、上なら正の値になります。

次に **c = 1** とありますが、これは変数 **c** を点を描くかどうかの**フラグ**（旗）として使っています。人間社会における旗は、その置かれている状況や意思を外部に向かって伝達する目的で使われますが、コンピューターの世界でも似たような使われ方をします。

While-Wend ループの後に、**c = 1** を条件式にした **If** ブロックがあります。これは **c = 1** の場合は点を描くという処理をします。つまり、While-Wend ループで点を描くか、描かないかを調べて、描く場合は **c = 1** が、描かない場合は **c = 0** が代入されてループを出てくるようになっています。

つまり、その判断の結果が **c** の値に示されているわけです。このように「状態」を示す変数の使い方が「旗」に似ているので、コンピューターの世界でもフラグと呼ばれます。**c = 1** としているところでは、点を描く状態であることを仮置きしておきます。

このような準備をして入る While-Wend ループですが、**nx <= 200 And ny <= 200** の間で処理の繰り返しをします。つまり、視線上の点が、グラフを描く範囲内にある間の視線上の点とグラフとの関係を調べます。無事にこの範囲を抜ければ、グラフの曲面と交わらなかったということで点を描きます。

その具体的な判断の方法が次の2行です。

```
hh = nz - ht * Sin(pi * ny) * Sin(pi * nx)
If hh * hs <= 0 Then c = 0: nx = 201
```

第10日　さまざまなグラフィック

　While-Wend ループが始まると、視点のベクトル上の点 (nx, ny, nz) に単位ベクトル (ux, uy, uz) が加えられて、次の点が計算されています。この新しい点とグラフとの関係は変数 hh に入ります。上なら hh は正の数、下なら負の数になるのは hs と同じです。

　次の If 文でグラフを貫いたかを判断するのですが、条件式は hh * hs <= 0 です。考え方ですが、視線のベクトル上の最初の一歩がグラフの下なら、hh は負の数です。これがずっと下のままなら、hs も負の数のままです。最初がグラフの上なら hh は正の数で、ずっと上のままなら hs も正の数です。ですから、hh * hs が正の数ということは、hh と hs の符号が変わっていないことを意味します。逆に負の数になるということは、符号が逆になることを意味していますので、上のものが下に、下のものが上になったと考えられます。

　ですから If 文で hh * hs が負になった場合は、点を描かないようにフラグである変数 c を 0 とし、あとは調べる必要はないので、nx に範囲外の 201 を代入します。これで、Wend でループを抜け出します。一方、hh * hs がずっと正の数のまま nx か ny が範囲外に出ればループを抜けますが、このときは c の値は仮置きの 1 のままです。

　このようにして While-Wend ループを抜けますので、c の値を見ればその点を描くか、描かないかがわかるわけです。

　次にある If ブロックでは、c = 1 の場合は三次元の点を画面上の点の位置に変換して点を描いています。c = 0 なら End If の次の Next j、つまり次の x について処理を繰り返します。x が 1 から 200 まで終われば、Next i で次の y に移ります。最後の y = 200 まで処理を繰り返せば、範囲内にあるすべての x, y について処理が終わったことになり、グラフが描けていることになります。

　以上、複雑な説明になってしまいましたが、もう一度説明と見比べながらプログラムを追いかけてみてください。

　さてこのプログラムですが、z を計算する関数を変えると、別のグラフを描くことができます。しかし、3か所で同じ計算式がプログラムに登場しているので、これらをすべて書き換える必要があります。こういうときには、**ユーザー定義関数**を使うとスッキリと処理できます。

　関数については、平方根や三角関数といった VBA に元々備わっている組み込み関数について説明していましたが、同様な使い方ができる関数をユーザーが作ることができます。長い数式をプログラム内の何か所にも書かなくても、1回定義をしておけば組み込み関数のように呼び出すことができます。

　この考え方は、同じ処理をするプログラムをサブルーチンとして使うのに似ていますが、サブルーチンが処理をすることを目的としているのに対して、ユーザー定義関数は計算をした結果をメインルーチンに返すことを目的にしています。

　今回のプログラムで使っている以下の関数を、ユーザー定義関数にする方法を説明します。

10-5 3Dグラフ(その1)

$$z = 150 \sin\left(\frac{\pi x}{100}\right) \sin\left(\frac{\pi y}{100}\right)$$

　定義をする場所は、メインルーチンに影響を与えなければどこでもよいです。現在はメインルーチンの下に簡易グラフィック用のサブルーチンが4つ並んでいますので、一番下に次のように書き加えます。

```
Function ssz(x, y)

Dim pi As Single
Dim ht As Single

    pi = 355 / 113 / 50
    ht = 150

    ssz = ht * Sin(pi * x) * Sin(pi * y)

End Function
```

　関数の名前ですが、予約語になければ基本的に自由です。ただし、宣言した変数と同じ名前は使えません。引数は必要なだけ使えます。また、引数や定義において変数を使うときの注意ですが、基本的にサブルーチンにおける注意と同じと考えてください。

　最初に **Function** とあり、関数(function)を定義することを示しています。次の **ssz** が関数の名前です。組み込み関数の **Int** や **Sqr** と同じと考えてください。2つの **sin** 関数で **z** を定義しているので、**ssz** という名前にしましたが、先にも説明したとおり予約語や宣言済みの変数でなければ他の単語でもかまいません。サブルーチンと同じく **Function ssz(x, y)** と入力すると、自動的に最後に **End Function** と表示されるので、処理内容はこの間に書きます。

　括弧の中は引数の定義です。**x** と **y** の2つを受け取ります。この位置にきた数値の値を、定義の中での変数 **x** と **y** に引き継いで計算に使います。サブルーチンと同じく、定義に使った変数 **x, y** そのものを引数として関数を呼び出して数値を代入するなどの処理をすると、メインルーチンでの計算に影響する可能性があるので、基本的には引用するだけにしておくのが無難です。

　関数を計算した値は、定義に使った単語(ここでは **ssz**)を変数とみなして、これに代入します。最後の **End Function** にくると、呼び出したメインルーチンの場所に **ssz** を持って自動的に戻ります。これもサブルーチンとまったく同じです。

　関数を呼び出す方法ですが、**Call** 文にはしません。次の下線部のように、組み込み関数とまったく同じように使ってください。

第10日　さまざまなグラフィック

```
...
z = ssz(j, i)
x = j
nx = x + ux
ny = y + uy
nz = z + uz
hs = nz - ssz(nx, ny)

c = 1

    While nx <= 200 And ny <= 200

        nx = nx + ux
        ny = ny + uy
        nz = nz + uz
        hh = nz - ssz(nx, ny)
...
```

これで、メインルーチンは $1 ≦ x ≦ 200$ と $1 ≦ y ≦ 200$ の範囲における関数 `ssz(x, y)` の 3D グラフを描くプログラムになりました。関数 `ssz` はユーザー定義関数の内容を書き換えれば変更できます。

たとえば、関数 `ssz` を、`ssz = ht * Sin(pi * x) * Cos(pi * y)` と変更すると、グラフは次のように y 軸に沿って変化します。理由は各自で考えてみてください。

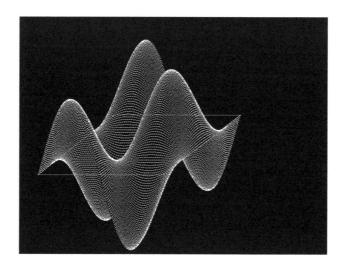

次に、この関数 `ssz` を使った 3D グラフを描くプログラムで、別のグラフを描いてみます。

10-6　3Dグラフ（その2）

関数 `ssz` のユーザー定義関数の内容を、次のように変更します。プログラムの他の部分は変更しないので、変更するのはユーザー定義関数の定義だけです。

```
Function ssz(x, y)

Dim p As Single
Dim ht As Single
Dim d As Single
Dim px As Single
Dim py As Single

px = 100
py = 100
p = 355 / 113 / 20
ht = 50

    d = Sqr((px - x) * (px - x) + (py - y) * (py - y))
    ssz = ht * Sin(p * d) * Exp(-d / 80)

End Function
```

結果は次のとおりです。石ころを水面に投げたときにできるような波紋が出てきました。

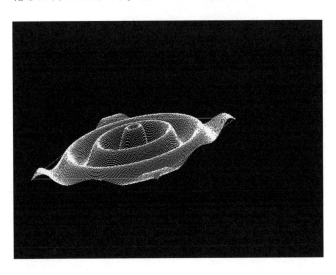

第10日　さまざまなグラフィック

　関数定義の中で、`d` の計算式は直線を引くサブルーチンの説明に出てきた 2 点間の距離を計算するものと同じです。点 (`px`, `py`) と引数 `x`, `y` を座標とする点 (`x`, `y`) との距離を計算して `d` としています。`px` = 100, `py` = 100 なので座標 (100, 100) からの距離が `d` となりますが、グラフを描くのは 1 ≦ `x` ≦ 200 と 1 ≦ `y` ≦ 200 の範囲なので、点 (`px`, `py`) はその中心になります。つまり、中心からの距離が等しい点では `ssz` は同じ値になるわけです。

　この `d` について `Sin` 関数を p (＝π/20) に掛ける形で計算しています。`d` = 100 とすれば 5π に相当するので、中心から端までに上下に波が 5 個程度できることになります。これに `Exp` 関数に -d（マイナス）の形で計算したものを掛けていますが、その場合 `Exp` 関数は `d` が長くなると値が小さくなりますから、波の減衰を表しています。`ssz` 関数はこのような性質の関数ですので、中心から波が周囲に減衰しながら広がっていくようなグラフになったわけです。

　次に、`px` = 50, `py` = 50 として波の中心を向こう岸に寄せてみます。やり方はユーザー定義関数の `px` と `py` の値を変えるだけです。

　このとおり、向こう岸に近いところが波の中心になりました。同様にして、今度は波の中心を `px` = 150, `py` = 150 と手前に寄せてみます。

10-6 3Dグラフ（その2）

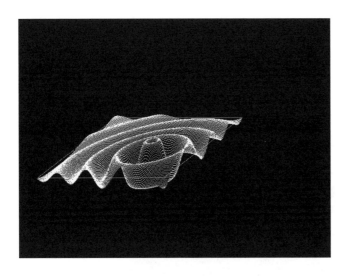

投げた石が手前側に落ちたときの波紋の形になります。そこで、ユーザー定義関数の定義を次のように変えてみます。

```
Function ssz(x, y)

Dim p As Single
Dim ht As Single
Dim d As Single
Dim px As Single
Dim py As Single
Dim s As Single

s = 0
p = 355 / 113 / 20
ht = 50

px = 50          '中心(50,50)に設定し結果はsに
py = 50

    d = Sqr((px - x) * (px - x) + (py - y) * (py - y))
    s = ht * Sin(p * d) * Exp(-d / 80)

px = 150         '中心(150,150)に設定し結果をsに足して返す
py = 150

    d = Sqr((px - x) * (px - x) + (py - y) * (py - y))
    s = s + ht * Sin(p * d) * Exp(-d / 80)

    ssz = s

End Function
```

第10日　さまざまなグラフィック

中心点 (50, 50) のときの波の高さを s とし、中心点 (150, 150) としたときの波の高さをこの s に足したものを、ssz としてメインルーチンに返します。つまり石を 2 つ投げてみたわけです。

結果は次のとおりです。

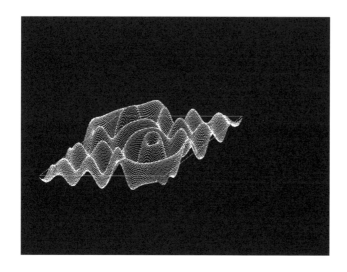

向こう岸近くと手前とからの 2 つの波が重なって複雑な形になっています。

この例を見ると、ユーザー定義関数の便利さがわかると思います。場合によっては、**If** 文や **For-Next** ループなども使った複雑な関数を作ることもできます。

このように 1 つのプログラムができると、次々に試せることが増えていきます。思いどおりの結果になるのかならないのか、ならないとすればなぜなのか…などなど、あれこれパソコンを動かしながら考えるのは楽しいものです。

グラフにする関数は無限にありますので、試してみてください。おそらく、エラーになってしまうこともあるでしょうが、その原因を突き止めて修正し、最終的に視覚化できると苦労した分感動も大きくなります。エラーもまた楽し、と思えるようになるかもしれません。

10-7　コッホ曲線

フラクタル画像として有名な、**コッホ曲線**を描くプログラムです。**フラクタル**そのものについての詳細は省略しますが、おおまかにいうと**部分と全体が自己相似になっている**図形のことをいいます。

言葉だけではどんな図形なのかわかりにくいので、これから示すプログラムで描いたコッホ曲線を先に見てもらいます。全体は部分に、そして部分は全体に似ているという不思議な図形で

10-7　コッホ曲線

す。いたる所に似たような形が見て取れます。

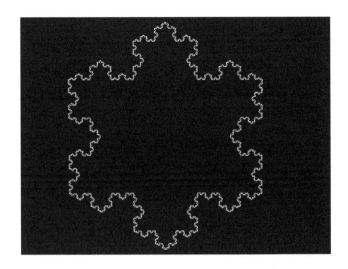

以下に、この図形をどうやって描くのかの原理と手順を説明します。
　まず線を用意します。図のように、これを三等分して真ん中の線を 60°回転させ、開いた部分を線でつなぎ、三角形の出っ張りを作ります。

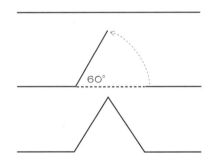

　これをすべての線に行います。この段階で、線の数は元の 4 倍になっています。次に新しくできた線も含め、すべての線に同じことを繰り返します。それが終わったら、また同様に…と無限に操作を繰り返してできたものが、コッホ曲線です。
　ただし、画面の解像度の都合もあるので、実際は 5 回程度の繰り返しでそれらしい図形が出来上がります。
　このような線の処理を行うのに、またもやベクトルと回転の公式が活躍します。線は始点と終点を決めると、始点から終点に向かうベクトルとして扱うことができます。平面上の図形なので、二次元のベクトルです。三等分するということは、ベクトルの x 成分と y 成分を 3 で割ったベクトルを求めておいて、これを始点には足す、終点からは引けば、図に示す中間点 1 と中

第10日　さまざまなグラフィック

間点3が計算できます。

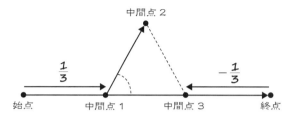

中間点2については、10-4節で使った回転の公式を再び使います。原点の周りに点を回転させるのが、この公式の働きでしたが、ベクトルも同様に回転させることができます。

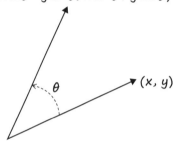

これを使えば、1/3にしたベクトルを反時計回りに60°回転させるには、θに60°（$\pi/3$）を入れて計算すれば求めることができます。そこで、中間点1にこの回転したベクトルを加えて中間点2が計算できます。ですが、説明用の図にあるように、中間点1は必ずしもx軸上にはありません。何度も処理されて座標上のどこにでも存在しそうです。ベクトルの足し算はこれまで何度も使ってきた方法ですが、特に**回転の式は原点を中心に回転させた場合の公式**ですので、時々心配や不安を感じることはありませんか？

こういうときは、たまには教科書を開いて確認をしてみます。

> 　1つのベクトル$\vec{a}$を表す有向線分の始点は，任意の位置にとることができる．すなわち，任意の点Pを始点とし，$\vec{a}$と向きが同じで大きさが等しい有向線分を$\vec{PQ}$とすると，
> $$\vec{a} = \vec{PQ}$$
> となる．

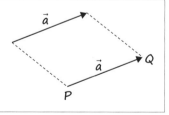

数研出版『精説　高校数学　第三巻』「第一節　平面上のベクトル」より

このように「始点は、任意の位置にとることができる」と書いてあるとおりで、原点を中心に回転させたベクトルでなくても、ベクトルである以上は始点は自由に選べるから、中間点1が

10-7　コッホ曲線

どこにあろうとこれを始点として回転させたベクトルを足し算すれば、中間点 2 を安心して計算できるわけです。

　ところで、通常見慣れている xy 平面とパソコンの画面では、y 軸の上下が逆になっていることを以前に注意しました。このプログラムの場合も、y 軸の上下が逆になっていることを考慮し、回転させる方向が反時計回りではなく時計回りになるように、プログラム中では回転角度が $\pi/3$ ではなく $-\pi/3$ になっていますので、混乱しないようにしてください。

　この処理をすべての線に行って、第 1 段階が終了です。次いで、始点と中間点 1 を結ぶ線を新たに始点と終点にした線とし、中間点 1 と中間点 2 を始点と終点にした線、中間点 2 と中間点 3 を始点と終点にした線、中間点 3 と終点を始点と終点にした線の合計 4 本の線を新たに作ります。そして、第 1 段階と同じ処理を 4 倍の数になったすべての線に行います。これが第 2 段階の操作です。プログラムではこれを第 5 段階まで行います。

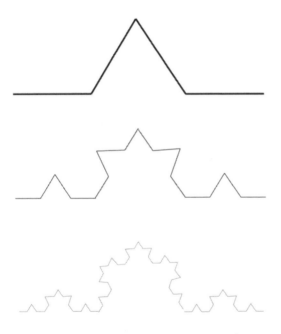

以上のような処理を行うコッホ曲線を描くプログラムは、以下のとおりです。

■ユーザープログラム用変数

```
Dim kx(5000) As Single
Dim ky(5000) As Single
Dim lx(5000) As Single
Dim ly(5000) As Single
Dim nl As Integer
Dim vx(4) As Single
Dim vy(4) As Single
```

（次ページへ続く）

第10日　さまざまなグラフィック

```
Dim vcx As Single
Dim vcy As Single
Dim pi As Single
Dim st As Integer
Dim sn As Single
Dim cs As Single
```

　線の始点と終点を収納する配列 **kx, ky, lx, ly** ですが、5000本に対応できる数を予約します。1回の操作で線の数が4倍になるので、5回繰り返すと1024倍の数になります。最初の図形として正三角形からスタートするので線は3本です。したがって、最終的には3072本の直線を扱うことになりますので、5000本分を用意しておきました。

　ですが、本来は線1本につき始点と終点でxとyの2つの成分があるので、都合4つの数値の情報が必要なはずですが、今回についてはある線の終点は次の線の始点になっているので共用できます。ですから、本数どおりの数が確保されていれば大丈夫です。残りの変数についてはプログラムの説明の中で適宜説明します。

■ユーザープログラム領域

```
'Graph Start
pi = 355 / 113
    sn = Sin(-pi / 3)
    cs = Cos(-pi / 3)

    kx(0) = 100: ky(0) = 130
    kx(1) = 500: ky(1) = 130
    kx(2) = 300: ky(2) = 476
    kx(3) = 100: ky(3) = 130

    nl = 3
    st = 0

  While st < 5

    For i = 1 To nl

      vx(0) = kx(i - 1):              vy(0) = ky(i - 1)
      vx(4) = kx(i):                  vy(4) = ky(i)
      vcx = (vx(4) - vx(0)) / 3:      vcy = (vy(4) - vy(0)) / 3
      vx(1) = vx(0) + vcx:            vy(1) = vy(0) + vcy
      vx(3) = vx(4) - vcx:            vy(3) = vy(4) - vcy
      vx(2) = vx(1) + (vcx * cs - vcy * sn)
      vy(2) = vy(1) + (vcx * sn + vcy * cs)

        For j = 0 To 4
            lx((i - 1) * 4 + j) = vx(j):   ly((i - 1) * 4 + j) = vy(j)
```

10-7 コッホ曲線

```
        Next j

    Next i

    st = st + 1
    nl = nl * 4

    For i = 0 To nl
        kx(i) = lx(i): ky(i) = ly(i)
    Next i

  Wend

  For i = 1 To nl
      Call lin(sc, lx(i - 1), ly(i - 1), lx(i), ly(i), 2)
  Next i

'Graph End
```

　プログラムの処理部分の説明ですが、ざっと眺めて **For-Next** ループと **While-Wend** ループが淡々と並んでいるだけで、ただの1か所も **If** 文がありません。ひたすら繰り返し計算をするだけというところが、いかにもフラクタル図形を描いているプログラムだという印象がします。

　配列 **kx, ky** が処理する前の線を表し、この線に出っ張りを作る処理をした結果を配列 **lx, ly** に入れていきます。円周率 **pi** と $-\pi/3$ の回転に必要な、**Sin** 関数と **Cos** 関数の値を変数 **sn** と **cs** に計算して代入した後に、配列 **kx, ky** の初期値を入力しています。なお、x 成分と y 成分が対になっているところが多いので、そのような式については本プログラムでは：(コロン) でつないで1行に書いています。

```
    kx(0) = 100: ky(0) = 130
    kx(1) = 500: ky(1) = 130
    kx(2) = 300: ky(2) = 476
    kx(3) = 100: ky(3) = 130
```

　これは一辺の長さが400の正三角形です。図で始点0から1, 2と線がつながり、終点3が始点0と一致しています。最後に、出来上がったコッホ曲線を描くときに順番につないでいきますが、始点と終点を一致させているので、最後の1本を描くと曲線が自動的に閉じるようになっています。

第10日 さまざまなグラフィック

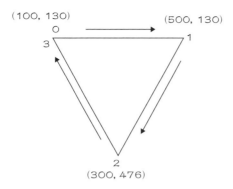

変数 `nl` は線の数で、初期値は三角形の辺の数なので 3 です。`st` はすべての線に出っ張りを作る処理をした回数で、初期値は 0 です。続く `While` 文の条件式が `st < 5` ですから、すべての線に 5 回処理をしたら作業を終わります。次の `For-Next` ループが始まって、カウンタ変数 `i` が 1 から `nl` までとなっていますから、`nl` 本の線に出っ張りを作る処理が始まります。

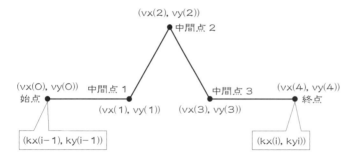

配列 `vx`, `vy` には、図のように出っ張りができた線の位置の情報が入ります。`i` 番目の線について詳細に処理を見てみます。まず、始点となる (`kx(i - 1)`, `ky(i - 1)`) が処理後の始点 (`vx(0)`, `vy(0)`) に、終点 (`kx(i)`, `ky(i)`) が処理後の終点 (`vx(4)`, `vy(4)`) になります。始点から終点に向かうベクトルの 1/3 となるベクトルが (`vcx`, `vcy`) として計算されています。これを始点に加えたものが中間点 1 (`vx(1)`, `vy(1)`) になり、終点から引いたものが中間点 3 (`vx(3)`, `vy(3)`) となります。

最後に、ベクトル (`vcx`, `vcy`) を $-\pi/3$ 回転させたベクトル (`vcx * cs - vcy * sn`, `vcx * sn + vcy * cs`) を中間点 1 に加えたものが中間点 2 (`vx(2)`, `vy(2)`) となります。

以上で `i` 番目の線に出っ張りを作る処理が終わりました。これを配列 `lx`, `ly` に入れておきます。新しい線の数が 4 倍に増えますから、元の `k` で示される線の番号と新しく `l` で示される線の番号の関係を整理します。最初の 0 番目、1 番目、2 番目の対応は次のようになります。

10-7 コッホ曲線

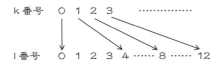

ここから、一般的な i 番目の線について拡張して整理すると、次のようになります。

最初の具体的な番号で関係を整理した結果から、一般的な i について、線 1 本について点を 5 つ処理しますので、以下のように For-Next ループで処理しています。

```
For j = 0 To 4
    lx((i - 1) * 4 + j) = vx(j):  ly((i - 1) * 4 + j) = vy(j)
Next j
```

カウンタ変数 i により、nl 本のすべての線について処理が終わると、配列 lx, ly に結果が入力されていることになります。そこで、次の処理にいく前に、配列 kx, ky に処理結果の配列 lx, ly をコピーしておきます。最後に線の本数 nl は 4 倍にし、st も 1 増やしてから、最初の While 文に戻り、処理を繰り返します。これらの一連の処理を 5 回繰り返すと st = 5 になり、Wend でループを抜けます。ループを抜けた後は、For-Next ループでサブルーチン lin を呼び出して、nl 本の線を順番に描いてプログラムが終了します。

説明は長くなりましたが、プログラム自体は短いものです。何度かプログラムを追いかけながら説明文を読めば、理解が進むものと思います。

以上で、簡易グラフィックによる描画は終わりです。いろいろなグラフや図形などのネタは教科書に溢れていますので、探して挑戦してみましょう。

第10日 さまざまなグラフィック

「応答なし」と表示され、フリーズしてしまいます！

　プログラムを実行したらパソコンが動かなくなってしまうことについての原因と対策は先にも説明しましたが、大量のデータを数多く繰り返し処理させると、VBA がフリーズしてしまうことが何人ものユーザーから指摘されており、Microsoft 社自身もそれを認めています。

　https://support.microsoft.com/ja-jp/kb/2484082

　簡易グラフィックも「大量のデータ」「数多くの繰り返し」という条件に合致するため、対応できないケースがあると考えられます。フリーズが頻繁に起こるようでしたら、付録 3 や付録 5 に示した方法を試してください。

　またそれ以外にも、繰り返しの多い **For-Next** ループで同様の症状が出ることもあるようです。本書に掲載してあるプログラムを試した範囲ではフリーズの発生を確認していませんが、これから皆さんがプログラムを作る場合に、どうしてもそのような症状が発生する場合があるかもしれません。そのようなときは次の方法を試してみてください。

　For-Next ループをネスティングしたプログラムの例です。なお、ここで 1000 回というのはたとえばの数です。

```
For i = 1 To 1000
    For j = 1 To 1000
    ' (処理)
    Next j
Next i
```

　このようなプログラムでどうしてもフリーズしてしまう場合には、**DoEvents** という命令を適当な回数の処理をするごとに実行するようにします。次の例では、カウンタ変数 j のループが終わる、つまり 1000 回の処理をするごとに **DoEvents** を実施しています。

```
For i = 1 To 1000
    For j = 1 To 1000
    ' (処理)
    Next j

    DoEvents

Next i
```

　これでどうしてエラーが回避できるのか、明確な理由は明らかではありませんが、念のために覚えておくとよいと思います。

　しかし、先にも説明したとおり、エラーのほとんどはプログラムのバグが原因ですので、VBAを疑う前にしっかりバグを探すようにしましょう。

最終日

Excel では計算できない？

　VBA のごく一部の機能を使って Basic でプログラミングをしてきましたが、いかがでしたか？　掲載されている例題のプログラムだけでなく、これまで学校の宿題や試験などで自分の手で解いてきた問題を、パソコンに解かせてみてください。

　最後に、Excel では計算できないと悩んだ子どもの宿題の問題を紹介しましょう。

> **問題　50 人のクラスで同じ誕生日の生徒がいる確率はいくらか？**

　全員の誕生日が違う確率を求めて、1 から引けばよいだけです。うるう年でないとすれば、1 年は 365 日ですので、50 人の生徒の誕生日の場合の数は 365^{50} 通りになります。50 人が全員違う誕生日である場合の数を考えると、最初の 1 人が 365 通り、次の生徒は別の日になりますから 364 通り、その次は 363 通り…となります。求める数は、これをすべて掛け合わせた数、つまり $365 \times 364 \times 363 \times \cdots \times 317 \times 316$ となりますので、順列の記号 **P** を使って表せば $_{365}P_{50}$ 通りになります。したがって、全員の誕生日が違う確率は $_{365}P_{50} \div 365^{50}$ となります。たいへんそうですが、VBA を使えば **For-Next** ループを使って簡単に計算できます（**k** の初期値が **1** になることに注意しましょう）。

```
Dim i As Integer
Dim k As Single

    k = 1

    For i = 1 To 50
        k = k * (366 - i) / 365
```

（次ページへ続く）

最終日　Excel では計算できない？

```
Next i

k = (1 - k) * 100
k = (Int(k * 100) + 0.5) / 100

MsgBox "誕生日が重なる確率 ： " & k & "%"
```

ここでは次式を計算しています。

$$\frac{365}{365} \times \frac{364}{365} \times \frac{363}{365} \times \cdots \times \frac{317}{365} \times \frac{316}{365}$$

（50人分）

このプログラムを実行すれば、直ちに計算結果が示されます。

意外に誕生日の重なる確率が高いことがわかります。なお、この式ではなく、${}_{365}P_{50}$ と 365^{50} を別々に計算して割り算する方法では、オーバーフローしてエラーになります。力業で倍精度浮動小数点型の変数を使えば大丈夫かもしれませんが、変数の桁数に頼らないで計算するならこの方法がお勧めです。

さて、この問題を Excel で計算するにはどうすればよいでしょう。Sum 関数はあくまでも足し算の総和ですので使えません。連続で掛け合わせるような計算をする方法をとっさに思い付かなかったのですが、その後思い付いたのが次のような方法です。

最終日　Excelでは計算できない？

	A	B	C	D	E	F
1						
2						
3	生徒番号	取り得る誕生日の数	誕生日の数の対数		対数値合計	126.5863224
4	1	365	2.562292864		C4×50	128.1146432
5	2	364	2.561101384		差	-1.528320818
6	3	363	2.559906625		10^差	0.02962642
7	4	362	2.558708571		1-10^差	0.97037358
8	5	361	2.557507202			
9	6	360	2.556302501		答え	97.04%
10	7	359	2.555094449			
11	8	358	2.553883027			
12	9	357	2.552668216			
13	10	356	2.551449998			
14	11	355	2.550228353			
15	12	354	2.549003262			
16	13	353	2.547774705			
17	14	352	2.546542663			
18	15	351	2.545307116			
19	16	350	2.544068044			
20	17	349	2.542825427			
21	18	348	2.541579244			
22	19	347	2.540329475			
23	20	346	2.539076099			
24	21	345	2.537819095			

　取り得る誕生日の数を**対数変換（常用対数）**して総和をSum関数で求めます。365^{50}も、365の対数値を50倍すれば簡単に計算できます。あとは、両者の差を求めて10のべき乗をすれば答えが出ます。**対数を使えば掛け算が足し算に、べき乗が掛け算になる**、と学校で習ったときには有り難みがわからなかったのですが、こういう例を見ると、確かに強力な計算方法だと理解できます。当然ですが答えはどちらも同じ97.04％となっています。

　この問題のように、時としてとりあえずExcelではよい計算方法や関数を思い付かない場合も、VBAだと自由度が高いので、計算方法がわかってさえいればたいていの場合はプログラムでの計算に持ち込めます。さらに、複雑な条件分岐が必要な場合も、If文を使って簡単に場合分けして計算できることも大きな魅力です。

　このようにVBAを使うと、「本当にパソコンをコンピューターとして使っている」という気分になりますが、実はそれ以上に実感できることがあります。さまざまなプログラムの例題を見てきましたが、そこでは、二次方程式の解の公式、判別式、関数、行列、素数、ベクトル、回転行列、対数、三角関数…といった連中が呼び出されてはかいがいしく働いています。彼らには試験で悩まされた思い出しか残っていない方もいるかもしれませんが、本当は皆働き者なのです。

　実際に働いている姿を見たことがなく、試験でしか触ったことがなく、学校を卒業して以来疎遠になっていては、その本当の姿を知ることはできなかったのではと思います。プログラムを作ることで、今度は彼らを使う立場になりますので、頼もしい味方としてその実力を知ることができます。

最終日　Excel では計算できない？

最後に、ここまで VBA を使ってプログラムで遊んできた皆さんに、Excel では解決できない問題の宿題を出します。

第 5 日に、二次方程式を解くプログラムを紹介しましたが、解によっては循環小数や無理数が出力されます。数学の試験などでは、分数やルートのまま小数点の計算をせずに解答しますが、言い換えると、係数が整数だけの二次方程式の解を整数だけで表しているわけです（逆に、物理学など理科の試験では、小数点の答えにしなければなりません）。

たとえば、二次方程式 $x^2 + x + 1 = 0$ について、第 5 日の最後のプログラムに a = 1, b = 1, c = 1 を入力すると、次のように解が出力されます。

解の公式で計算すると $1/2$ や $\sqrt{3}$ になるのですが、実際の出力の際にはパソコンが計算して小数になっているわけです。これを、次のように出力されるプログラムを作ろうということです。

念のため別の例ですが、二次方程式 $3x^2 - 14x - 5 = 0$ の場合は、

となるところを、

最終日　Excelでは計算できない？

このように出力させるようにします。つまり、より人間の解答に近い形でパソコンが答えを出すようにするわけです。

ヒントは**ユークリッドの互除法**を使います。これは**最大公約数**を計算する方法で、自然数 a, b で $a > b$ のとき、a を b で割った余りを r として、r が 0 なら b が最大公約数ですが、r が 0 でないときは、a を b、b を r として新たな余りの r を計算します。これを r が 0 になるまで繰り返して最大公約数を見つけます。

具体例として 297 と 108 の最大公約数を探してみます。

$$297 \div 108 = 2 \quad 余り 81$$
$$108 \div 81 = 1 \quad 余り 27$$
$$81 \div 27 = 3 \quad 余り 0$$

したがって、27 が最大公約数となります。分母と分子の最大公約数を求めて、それぞれ割ると**約分**ができます。普段何気なく計算している分数の約分も、いざプログラミングするとなると、その手続きを詳しく分析して、手順を整理する必要があります。プログラミングすることは、こういった**手続きや手順の整理をする**よいトレーニングにもなるのではないかと思います。そのほかにも、分数の足し算、引き算、$\sqrt{}$ の中から平方数を外に出す計算などが必要になります。過去に苦労して覚えた計算方法を人に教えるつもりで考えてみてください。

解答のプログラム例はダウンロードファイルに入れておきましたので、ぜひ挑戦してください。

付　録

付録1　プログラムの構造と動かし方－プログラムの入力方法など

　本文中のプログラムには説明の都合上、あえてほとんどコメントを付けていませんが、オーム社のホームページの「書籍連動／ダウンロードサービス」から、本書で紹介したすべてのプログラムと宿題プログラムがコメント付きのプログラムファイルとしてダウンロードして利用できます。VBA プログラムの構造と動かし方とあわせて、ダウンロードしたプログラムの利用方法を付録1として説明しておきます。実際に自分のオリジナルのプログラムを手入力で作る際の参考にもなると思いますので、一読しておいてください。

　なお、プログラム名については、**Prog** の後ろに 2 つ数字が並んでいますが、前にあるのが日の番号、後ろにあるのがその日の中で出てくる順番です。例えば第 5 日目の 3 番目のプログラム名は **Prog05_03** となります（**05** と **03** の間に「 **_** （半角アンダーバー）」があります）

　続いて、**Prog05_03** を例に VBA プログラムの構造を説明します。

　本書では VBA の標準モジュールとしてプログラムを入力しています。これは、VBA を呼び出したスプレッドシートのサブルーチンとしての位置付けになります。単に Basic のプログラミング環境として使っている限りはメインルーチンと考えて不都合はありませんが、Excel 側は厳密にサブルーチンとみなしています。したがって、**Prog05_03** のプログラムでは、最初に **Sub Prog05_03()** と記載され、終わりに、**End Sub** が付いていないとエラーになります。あくまでも Excel 側の事情なので気にする必要はありません。また、第 2 日に説明した方法に沿って新たにマクロ名（プログラム名）を入力し Enter キーを押せば、図の矢印のように自動的に挿入されますので、忘れることはないと思います。

付　録

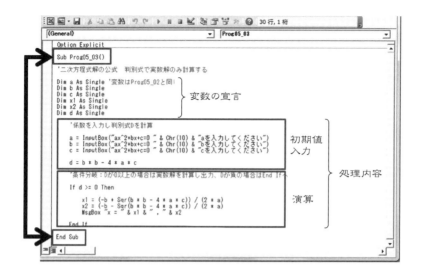

　プログラムは、変数の宣言をする部分と、実際に処理を行う内容を記載した部分とで構成されています。また、処理内容は、最初に必要な初期値の入力をまとめて行うようにして、それに続いて演算などの処理をする部分をまとめるのが、一般的です。自分で新しくプログラムを作る際に、できるだけこのような形で作るように意識して整理した方がプログラムが読みやすくなるので、エラーが少なくなりますし、デバッグもしやすくなると思います。

　' に続けて書かれたものがコメントになります。先頭に ' が付いている限り、どのような内容であっても VBA が実行する際には完全に無視されます。わかりやすくコメントを付けるのが理想ですが、他人の書いたプログラムを入力する際には、コメントがなくてもプログラムを実行することはできます。また、行間のあけ方や先頭のスペースも、プログラムの実行上は影響を与えません。文内のスペースは VBA が自動的に入力してくれますので、任せておきましょう。

　次はこのプログラムのコメントや行間の改行、文頭のスペースを省略した極端な例ですが、問題なく処理されます。

付録1　プログラムの構造と動かし方－プログラムの入力方法など

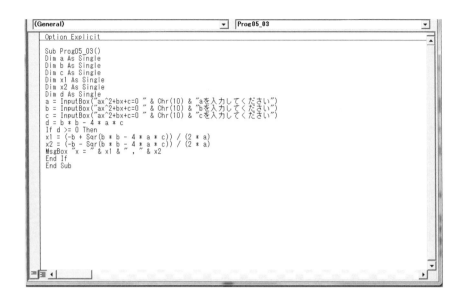

　手っ取り早くプログラムを実行してみるにはこれでもかまいません。ただし、自分でプログラムを作るときは適当にコメントを入れたり、**For-Next** ループや **If** ブロックで処理する範囲などを改行や文頭のスペースで分けて見やすくするとよいでしょう。

　入力中は適宜 VBA が内容をチェックしているので、極端な文法エラーは改行した段階で警告が出てくるときがあります。よくあるのは、数式のエラーです。複雑な式でも左括弧 (と右括弧) の数は等しくなければいけないので、エラーが続くようでしたら数えてみてください。アルファベットの「I（大文字のアイ）」と「l（小文字のエル）」と数字の「1」、「*」と「+」、「:」と「;」の区別、「.」「-」「 _ 」の有無はフォントが小さいと間違えに気付きにくいので注意しましょう。

　次にプログラムを実行したときに出てくるエラーですが、変数の宣言を忘れていることや、**If** 文に対応する **End　If**、**For** に対応する **Next**、**While** に対応する **Wend** がないことなどがよくあります。ループをネスティングさせている場合には、特に注意しましょう。

　無事にプログラムが動き始めてからですが、ウンともスンともいわなくなることがあります。これはエラーでループを抜け出せなくなっている可能性があります（**無限ループ**といいます）。こういうときは、プログラムの実行を止めて修正することになります。その方法は、Excel のスプレッドシート内で Ctrl キーを押しながら Break キーを押してください。プログラムが止まったら、**For-Next** ループでカウンタ変数を処理している部分や、**While-Wend** の条件となる変数を処理している部分を中心にチェックしてみてください（もちろん他の場所に原因があることもあります）。

　万一、Ctrl キーと Break キーでプログラムが止まらない場合ですが、Ctrl キー、Alt キー、Del キーの 3 つを同時に押してタスクマネージャーを起動して、強制的に Excel を終了させま

177

付　録

す。この場合、入力したプログラムが失われることもありますので、**実行する前には必ずファイルを保存する**ようにしてください。

　以上、プログラムの一般的な構造や入力方法などを説明してきましたが、スポーツや楽器と同じで「習うより慣れろ」の言葉どおり、実際に手を動かして VBA を触って動かせてみないといつまでたっても身につきません。とにかく簡単なところからでかまいませんので、まずは始めることが肝心です。

　最後にダウンロードファイルの利用方法を説明します。

　まず、Excel ファイル版ですが、そのまま Excel から開いて利用できます。また、標準モジュールのエクスポート版（拡張子が .bas のファイル）を使う場合は、付録 5 を参照してください。mht 形式のファイルはインターネットエクスプローラーや Firefox などのブラウザで開いて、目的のプログラムのテキスト部分をコピーし、Visual Basic Editor のプログラム入力画面にペーストしてください。

付録2　プログラムを読めるけど書けない人のために

　どうしてもプログラムが書けないという人と話をしてみると、部分的に書けないのではなく、最初にどこから手を付けてよいのかわからないという人がほとんどです。以前、プログラムを教えてほしいという友人に聞くと、「出来上がったプログラムの内容は理解できるのだが、いざ自分のプログラムを書こうと思うと書けない」ということでした。

　彼に具体的なプログラムを見せながら解説をしたところ、どうやってそんなことが思い付くのかと質問されたので、1つゲームをすることにしました。

　彼にルールを説明します。100までの数から1つ選んでもらい、それを私が当てるのですが、もちろん1回では当たらないので、大きいか小さいかだけを彼に答えてもらい、できるだけ少ない回数で当てた方が勝ちとします。

　「数を選んだ？」
　「選んだ」
　「50？」
　「小さい」
　「80？」
　「大きい」

…という具合にゲームが進むわけです。

　これがどうしてプログラムと関係するのかということですが、実はルールの説明がプログラムそのものなのです。「100までの数字を1つ選ぶ。相手の言った数字がその数よりも大きければ『大きい』、小さければ『小さい』と言い、当たっていればそれまでに答えた回数を言う。当たるまで繰り返す」

　1回ゲームをした後で、どのように自分が動いたかをフローチャートに書き出してもらいます。

　フローチャートの詳細な書き方はいろいろなところで解説してありますが、差し当たり我流でも手書きでもよいので書いてみます。VBAの命令語を念頭に置いて、基本的な形は図に示したとおりです。

付　録

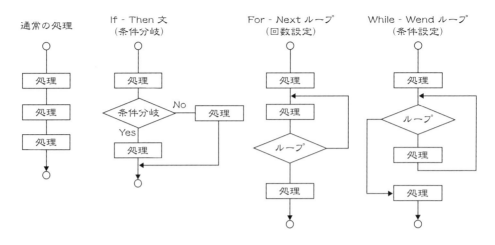

　注意点は、菱形での条件分岐では Yes、No の 2 本に分けます。3 本や 4 本に分岐させないようにします。また、変数はケチらずに必要ならどんどん使います。上記の基本形を見ながら、最も近いものを探して使います。

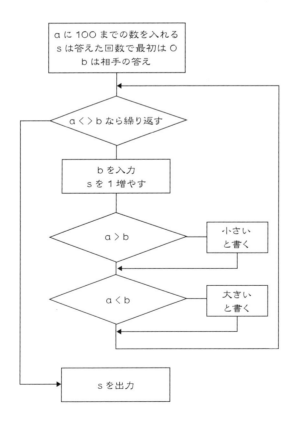

付録2　プログラムを読めるけど書けない人のために

このレベルのフローチャートでも十分ですので、これに沿って順番に VBA のプログラムに書いていきます。

これで1つプログラムができました。ポイントは、自分で1回コンピューターの役をしてみることです。そうすることで何をどうするのかが改めて理解できるわけです。それをフローチャートという形で何はともあれ書くことで、作業内容が整理されるとともに不明確なところがあぶり出されるわけです。

つまり、プログラムが読めるけれど書けないのは、何をすべきなのかが自分の中で整理できていないことが原因なのです。パソコンは自分の行う作業を代行するものですので、自分自身にできないこと（時間がかかりすぎることや、計算ができない、ということは除いて）はやってくれません。

あとは、書き下したプログラムを動かしながら、間違いがないかを確認していくことになります。とはいえ、これでどんどんプログラムが書けるかというと、結局、最後は手を動かして慣れていくという根性論になってしまうのですが…

ところで、このプログラムをもとに、数を探す方のプログラムを作ってみてください。実は7回以内で必ず当たります。

付　録

付録 3　簡易グラフィックの代替方法

　メモリ不足などの原因により、Excel で簡易グラフィックがどうしても動かない場合の対応ですが、フリーソフトのエミュレータである 99BASIC や N88 互換 BASIC を使って、配列 sc に描かれた画面を見ることができます。処理速度が圧倒的に速い 99BASIC がお勧めですが、パソコンとの相性があるので 99BASIC が使えない場合は、N88 互換 BASIC を使ってみてください。

　この方法は、配列 sc をシーケンシャルファイルに保存しておいて、99BASIC や N88 互換 BASIC のプログラムでファイルの内容を読み出して、実行画面に描画するというものですが、一手間余計にかかってしまいます。そのほかには直接ビットマップ形式のピクチャファイルに書き込む方法がありますが、VBA による複雑な手続きが必要ですので、本書では割愛します。

　まず、簡易グラフィックのシードプログラム側の変更は以下のとおりです。

■変更前

```
'初期画面設定（ここからGraph Startまでの行をユーザーは変更しないこと）

With Sheet1

    Application.ScreenUpdating = False

        .Range(Cells(1, 1), Cells(480, 640)).RowHeight = 8
        .Range(Cells(1, 1), Cells(480, 640)).ColumnWidth = 1
        .Range(Cells(1, 1), Cells(480, 640)).Interior.ColorIndex = 1

    Application.ScreenUpdating = True

    For i = 1 To 640
        For j = 1 To 480
         sc(i, j) = 1
        Next j
    Next i

End With
```

■変更後

```
Dim name as String    'ファイル名用文字列変数を宣言しておく

'初期画面設定（ここからGraph Startまでの行をユーザーは変更しないこと）

    For i = 1 To 640
```

付録3　簡易グラフィックの代替方法

```
            For j = 1 To 480
                sc(i, j) = 0
            Next j
        Next i
```

■変更前

```
'Graph End (ここから後ろの行をユーザーは変更しないこと)

MsgBox "End"

With Sheet1

    Application.ScreenUpdating = False

        For i = 1 To 640
            For j = 1 To 480
                co = sc(i, j)
                If co <> 1 Then .Cells(j, i).Interior.ColorIndex = co
            Next j
        Next i

    Application.ScreenUpdating = True

End With
```

■変更後

```
'Graph End (ここから後ろの行をユーザーは変更しないこと)

MsgBox "End"

'配列scをシーケンシャルファイルで保存

name = InputBox("ファイル名を入力してください")
name = name + ".dat"

Open name For Output As #1
    For i = 1 To 640
        For j = 1 To 480
            Write #1, sc(i, j)
        Next j
    Next i
Close #1
```

付録

入力するプログラム部分はまったく同じでかまいませんが、カラーコードが違うので色指定をするときは、カラーコードの対応表を参考にしてください。

■ VBA と 99BASIC、N88 互換 BASIC とのカラーコード対応表

カラーコード	0	1	2	3	4	5	6	7	8
VBA	（なし）	黒	白	赤	緑	シアン	黄	マゼンダ	水色
N88 互換 BASIC 99BASIC	黒	シアン	赤	マゼンダ	緑	水色	黄	白	（なし）

次に、99BASIC や N88 互換 BASIC の準備です。これらはフリーソフトなので、適当なダウンロードサイトからプログラムをダウンロードしてパソコンにセットアップします。以下に、ダウンロードサイトの一例を紹介します（2016 年執筆時点）。

- N88 互換 BASIC for Windows95 ダウンロードサイト
  http://www.vector.co.jp/soft/win95/prog/se055956.html
- 99BASIC ダウンロードサイト
  http://www.vector.co.jp/soft/win95/prog/se123748.html

ソフトを起動してプログラムを入力して実行させますが、実行の前には必ずプログラムに適当な名前を付けて保存しておきます。入力したプログラムを実行するには、99BASIC では **run** と入力して Enter キーを押します。N88 互換 BASIC では「▶」ボタンを押してください。

実行すると、ファイル名の入力を求められます。ファイル名は VBA で入力した名前に拡張子 **.dat** を付けたものになります。「ファイルがみつかりません」とエラーが出るときは、入力したファイル名の最初にドライブ名＋「**:**」（例「**F:**」など）が付いているか確認しましょう。

それでもファイルが見つからないときは、専用の USB メモリや SD カードを用意してパソコンに接続し、新しくドライブとしておいて、ルートディレクトリ（最上位の階層）だけで他のフォルダを作らないようにして、VBA の画像ファイルを保存するようにしておけば見失うことはないと思います。この場合もドライブ名を間違わないようにしっかり確認しましょう。

別のエラーが出るようでしたら、エラーの出た行番号の行にタイプミスなどがないかを確認しましょう。

エラーも出なくなり、画像がすべて表示されるのが確認できたら、最初に保存したプログラムに上書き保存しておきます。以後は、VBA で作成した画像をファイルに出力したものを、99BASIC か N88 互換 BASIC のいずれかのプログラムで画面に表示させてください。

付録3　簡易グラフィックの代替方法

99BASIC用画像表示プログラム例

```
1000 SCREEN 3
1010 CLS 3
1020 INPUT "file Name ",N$
1030 CLS
1040 OPEN N$ FOR INPUT AS #1
1050 FOR I=1 TO 640
1060 LOCATE 0,0
1070 PRINT USING "###/640"; I
1080  FOR J=1 TO 480
1090   INPUT #1,X
1100   IF X>0 THEN PSET(I,J),X
1110  NEXT
1120 NEXT
1130 CLOSE #1
```

■実行例　コッホ曲線

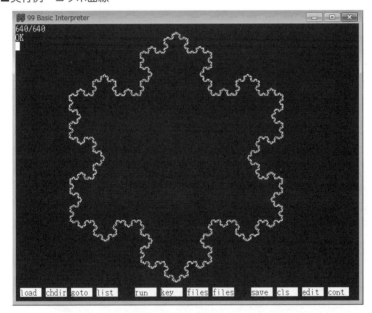

付　録

N88 互換 BASIC for Windows95 用画面表示プログラム例

```
1000 screen 3
1010 cls 3
1020 input "file name ",n$
1030 cls
1040 open n$ for input as #1
1050 for i=1 to 640
1060 locate 0,0
1070 print using "###/640";i
1080 for j=1 to 480
1090 input #1,x
1100 if x>0 then pset(i,j),x
1110 next
1120 next
1140 close #1
```

■実行例　コッホ曲線

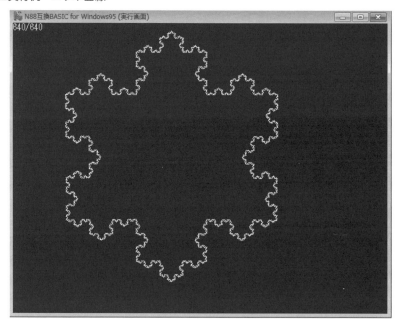

付録4　スプレッドシートからプログラムを呼び出す方法

元々VBAはExcelのマクロとして組み込まれている機能ですので、「開発」タブからVBAを呼び出さなくても実行させることができます。

第8日の連立方程式で問題を作るスプレッドシートを作りましたので、そこにプログラムを実行させるボタンを付けてみます。ついでに、計算結果をクリアするボタンも追加してみましょう。

最初に計算結果をクリアするプログラムを入力します。Visual Basic Editorの画面で、「挿入」メニューから「標準モジュール」を選んでください。

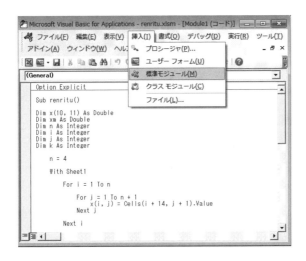

「マクロ名」に「cl」と入力します。

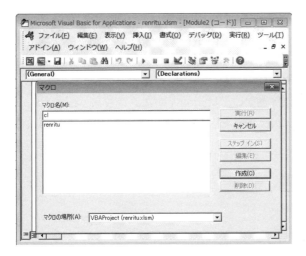

187

付　録

いつもどおりにプログラムの入力画面が出てきますので、次のプログラムを入力します。

入力が終わったら、「表示」メニューから「プロジェクトエクスプローラー」を選択します。

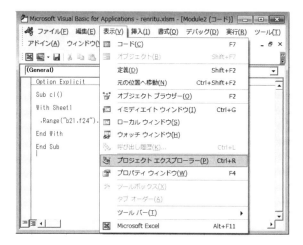

「標準モジュール」に「Module1」と「Module2」の2つがあることを確認し、それぞれダブルクリックして内容を確認してください。Module1 が連立方程式の計算、Module2 がさきほど入力した cl になっていれば大丈夫です。それ以外に表示されている内容は異なっているかもしれません。

付録4 スプレッドシートからプログラムを呼び出す方法

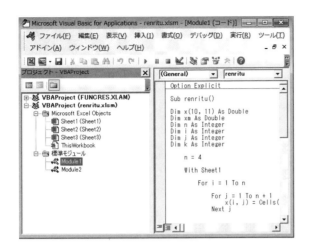

ここでスプレッドシートに戻ります。「開発」タブから「挿入」を選んでください。「フォームコントロール」の左上の四角いアイコンをクリックして、ボタンをスプレッドシートに挿入します。

スプレッドシートのマウスカーソルが十字になりますので、ボタンを作る領域をドラッグして長方形を作って指定します。後で修正可能ですので、適当でかまいません。すると「マクロの登録」画面が出てきますので、最初のボタンには連立方程式を計算するプログラムを選んで「OK」をクリックします。

付　録

　　スプレッドシートにボタンが出てきますので、右クリックで「テキストの編集」を選んで「計算」と変更します。「計算」と入力してEnterキーを押してしまうと、ボタンの文字内で改行されてしまいます。Enterキーを押さずに、ボタン以外のスプレッドシート部分をクリックして、文字を確定させます。

付録4　スプレッドシートからプログラムを呼び出す方法

同様にもう1つボタンを作ってclを登録し、テキストを「クリア」とします。

ボタンにマウスカーソルを置いて右クリックすると、ドラッグしたり大きさを変えられるので、適当に調節して配置します。

```
         5    2   -3    2   20
○計算結果      [ 計算 ]   [ クリア ]




```

これでボタンができました。「計算」ボタンをクリックするとプログラムが実行され、計算結果が表示されます。「クリア」ボタンをクリックすると、表示された結果がクリアされます。これでスプレッドシートのボタンからプログラムをワンクリックで呼び出すことができるようになりました。

```
         5    2   -3    2   20
○計算結果      [ 計算 ]   [ クリア ]
         1    0    0    0    1
         0    1    0    0    8
         0    0    1    0    3
         0    0    0    1    4
```

フォームコントロールには、ボタン以外にも数値やテキストなどをプログラムに引数のように渡して実行させるものも含まれていますので、いろいろと試してみてください。

付　録

 付録5　標準モジュールのエクスポートファイルの使い方

　簡易グラフィックではスプレッドシート上の大量のセルを処理するので、保存したエクセルファイルが重くなり、アップロードやダウンロードをするのに時間がかかります。このような場合は、標準モジュールのエクスポートファイルを使うとファイルを軽くできます。

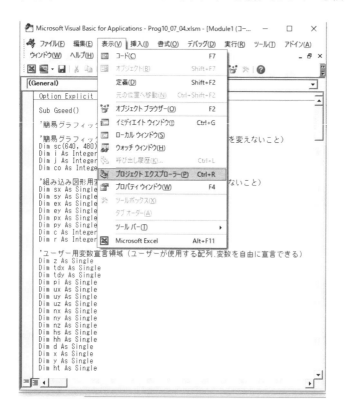

　プログラムの入力後、「表示」メニューから「プロジェクトエクスプローラー」を選択すると、Visual Basic Editor に次の図のような表示が出ます。プログラムの画面が小さくなって見づらくなったのであれば、適当にウィンドウの大きさを調整しましょう。

付録5　標準モジュールのエクスポートファイルの使い方

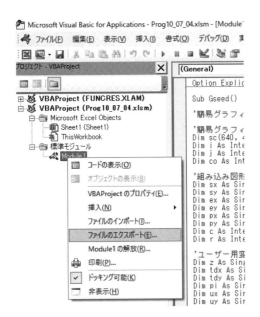

　保存したい標準モジュールの Module1 などのアイコンにマウスカーソルを乗せて右クリックし、「ファイルのエクスポート (E)」を選択してください。あとの操作は、ファイルを保存する要領と同じです（標準モジュールの Module1 などが見つからないときは、標準モジュールのフォルダが折りたたまれていて表示されていない場合があります。「標準モジュール」をダブルクリックすると表示されます）。複数の標準モジュールが表示されることもありますが、このような場合はアイコンをダブルクリックするとプログラムの内容が Visual Basic Editor に表示されますので確認できます。

　逆に保存したエクスポートファイルを使うには、この画面上で右クリックして表示されるメニューから「ファイルのインポート (I)」を選択してください。あとの操作は、保存した Excel ファイルを呼び出すのと同じです。呼び出したファイルの内容を確認する方法はさきほどの説明と同じです。ファイルをインポートして複数の標準モジュールができた場合には、プログラムを実行する際にどのモジュールを使うかを選択できます。

　なお、保存した簡易グラフィックの Excel ファイルを読み込んで、「応答なし」と表示されフリーズするような場合は、付録3の代替方法を使う前にインポートファイルの利用を試してみてください。

あとがき

　今日のパソコンやスマホといった情報機器の発達やネット環境の普及を見るたび、私のようなワンボードマイコンキットの時代（あるいはそれ以前）からマイコンとお付き合いをしてきた方々は隔世の感を抱かれているのではないでしょうか。

　当時は、マイコンを何に使うのか？ ではなく、マイコンを使うことそれ自体が目的になっていて、プログラミングは「趣味人の楽しみ」だったように思います。マイコン雑誌には読者からのプログラムの投稿記事が毎号掲載され、そのアルゴリズムやプログラミングのテクニックについて懇切丁寧、といえば聞こえはよいのですが、ネチネチとした解説が必ず付いていました。ネット環境や安価で手軽な記憶媒体がない当時、読者は雑誌に印刷されたプログラムを手入力するしかなく、数限りないエラーや暴走（今でいうところの「フリーズ」）を乗り越えていましたが、実はこのネチネチとした解説が、デバッグだけでなくプログラミングを身に付けるうえでおおいに役立っていたのです。また、他言語のプログラムを自分のマイコンに移植する際にもこの解説が参考になりました。

　当時、プログラミングについて教えを請うことができる先生がなかなか周りにいないので、掲載されたプログラムの「再現性」を確保するためには、こうした解説が求められていたのではと思われます。一方で、今日のように身近に先生がいる時代になると、プログラミング自体の解説は先生が口述してくれるので、冗長な説明を省き、要点を要領よく、しかもVBAでできることを網羅的にまとめた教科書のような解説書が好まれているようです。

　しかし、私が独学でVBAを仕事や実用的にではなく、プログラミング環境として使ってみようとしたところ、教科書系の解説書はあったのですが、ネチネチ系の解説書が見つかりませんでした。VBAのお作法などをいろいろと調べながら、プログラミング環境として使う手順などをメモしていましたが、独学で同じようにVBAでプログラムしてみようという方には、昔ながらの「ネチネチ解説書」も必要では？ と考え、書きためたメモを整理しまとめたものが、本書です。折も折、初等教育でプログラミングが必修化されることとなり、親御さんや先生方のお役に立てるのではと考えました。

　JavaやC系言語の時代に、果たしてBasicのプログラミングの本に需要があるのか？ と悩みつつ書いた本書ですが、書籍化にご理解とご尽力をいただいたオーム社の皆さんに感謝するとともに、適切なるご助言をいただいた国士舘大学の田久浩志教授に、この場をお借りしてお礼申し上げます。

索 引

[記号・数字]

" 30
$ (スプレッドシート) 94
' 30, 102
* 43
+ 42
- 42
/ 43
: 60, 57
= 28
^ 48
|| 46

10 進数 38
2 進数 38
3D グラフ 147, 157
99BASIC 90, 184

[A]

Abs 49
And 59
apple Ⅱ 1
Application 119
Arduino 34
ASCII コード 31

[B]

Basic 1
Basic エミュレーター 90

[C]

Call 文 121
Cells 98

ColumnWidth 119
Cos 49
cos 関数 49
Ctrl+Alt+Del 69
Ctrl+Break 69
C 言語 2

[D]

Dim 36
dimension 36
DoEvents 168
Double 39

[E]

ElseIf 文 62
Else 文 61
End Function 文 155
End If 文 61
End Sub 文 121
End With 文 100
End 文 57
Excel マクロ有効ブック 33
Exp 49, 143

[F]

For-Next ループ 67
Fortran 1
For 文 66
Function 文 155

[G]

GoTo 文 83

195

索引

[I]

I/O 23
If ブロック 62
If 文 57, 58
Ingeger 37
Input 23
InputBox 28
Int 47
Interior.ColorIndex 119
I バー 21

[J]

Java 2

[L]

Let 28
Log 49, 50
Long 39

[M]

Mod 50
MsgBox 28

[N]

N88 互換 BASIC for Windows95 .... 90, 184
Next 文 66

[O]

Or 59
Output 23

[P]

PC-98 シリーズ 114

[R]

R1C1 参照形式 10
rad 49
Rnd 49, 50
RowHeight 119

[S]

ScreenUpdating 119
Sin 49
Single 39
Sin カーブ 141
sin 関数 49
Sqr 49
Step 67
String 51
Sub 文 121

[T]

Then 文 57, 60
Timer 88

[V]

Value 100
VBA 5
Visual Basic 2
Visual Basic for Applications 5

[W]

Wend 文 73
While-Wend ループ 74
While 文 73
With 文 98

[あ]

アイオー 23
アクセス 98
アクティブシート 99
アスター 43
アスタリスク 43
アルデュイーノ 34
アンカー（スプレッドシート） 94
一次元の配列 81
入れ子構造 97
隠線処理 149
インタプリター 18

引用符 30

エクスポートファイル 192
エラー 54
演算式 50
円を描く（線）................................ 128
円を描く（塗りつぶし）............... 131

オーバーフロー 83

[か]
カーソル 21
改行 31
解像度 114
回転の公式 143
解の公式 53
会話系言語 2
ガウスの記号 46
ガウスの掃き出し法 93
カウンタ変数 67
掛け算 43
かつ 59
カラーインデックス 119
簡易グラフィック 114
関数 45

機械語 18
刻み値 67
行 92
行列 92
行列の行に関する基本変形 92
虚部 63
切り捨て 48

繰り上がり 48

桁落ち 105

交差 66

コッホ曲線 160
弧度法 49
コメント 30, 102
コロン 60
コンパイラー 18

[さ]
再帰的アルゴリズム 107
最終値 66
最大公約数 173
サブルーチン 120
三角関数 49
三角関数のグラフ 109
三次元曲面 147

シーケンシャル・ファイル 182
四捨五入 48
自然対数 49
四則演算 43
実行形式 18
実数解 55
実部 63
シャボン玉 139
重解 55
収束 74
出力 23
循環小数 172
順列 169
条件式 58
条件分岐 58
剰余 50
常用対数 50
剰余系 47
初期値 66
初項 66
処理 28
真数 50

数値積分 67

索引

ズームボタン 116
図形の回転 143
スケッチ 34
スコープ 126
スター 43
スプレッドシートへのアクセス 98
スラッシュ 43

正弦 49
整数型 37
接線 74
絶対値 49
線形台数 91
宣言 37
線を引く 126

総和を求める方法 71
ソースコード 18
素数 79

[た]
台形公式 67
大将棋 78
対数変換 171
代入 28
多元連立方程式 93
足し算 42
タスクマネージャー 69
単位ベクトル 127
単精度浮動小数点型 39

長整数型 39

底の変換公式 50
適用範囲 126
デバグ 35
デバッグ 36
デフォルト状態 5
点を描く 126

等差数列の和の公式 66
度数法 49

[な]
二次元の配列 99
二次方程式 53
ニュートン法 74
入力 23

ネスティング 97

[は]
ハードウェア 34
倍精度浮動小数点型 39
配列 79
バグ 36
旗 153
ハット 48
波動方程式 142
ハノイの塔 107
判別式 55

引き算 42
引数 45, 121
微分 74
標準モジュール 19

フォームコントロール 189
浮動小数点型 37
フラグ 153
フラクタル 160
プルダウンメニュー 7
フローチャート 179
プログラマブル 34
プログラム 23
プロジェクトエクスプローラー 188
プロンプト 21

平方根	49, 74
べき乗	48
変数	37
変数の宣言を強制する	15
ボタン	187

【ま】

マクロ	21
マクロのセキュリティ	12
または	59
無限ループ	177
無限ループ状態	69
無理数	172
命令語	28
メインルーチン	121
文字列	51
文字列型	51
モワレ模様	137

【や】

ユークリッドの互除法	173
有向線分	162
ユーザー定義関数	154
余弦	49
予約語	42

【ら】

ラジアン	49
ラベル	83
乱数	49, 50
リボン	6
リュカ	107
ルートディレクトリ	184
ループ	67
列	92
連立方程式	92
ローカル変数	123

【わ】

割り算	43

〈著者略歴〉

田中 一成 （たなか かずなり）

1987 年　山口大学医学部卒業
1991 年　山口大学大学院医学研究科修了　医学博士
　　　　 山口大学医学部助手、厚生省健康政策局医事課試験免許室試験専門官
　　　　 などを経て
2007 年　JAXA 有人宇宙技術部宇宙医学生物学研究室主幹開発員
2010 年　文部科学省研究振興局ライフサイエンス課ゲノム研究企画調整官
2011 年　内閣府参事官（ライフイノベーション担当）
2012 年　厚生労働省神戸検疫所長
2013 年　厚生労働省東京検疫所長
現　在　厚生労働省北海道厚生局長

- 本書の内容に関する質問は、オーム社書籍編集局「（書名を明記）」係宛に、書状またはFAX（03-3293-2824）、E-mail（shoseki@ohmsha.co.jp）にてお願いします。お受けできる質問は本書で紹介した内容に限らせていただきます。なお、電話での質問にはお答えできませんので、あらかじめご了承ください。
- 万一、落丁・乱丁の場合は、送料当社負担でお取替えいたします。当社販売課宛にお送りください。
- 本書の一部の複写複製を希望される場合は、本書扉裏を参照してください。
  JCOPY＜（社）出版者著作権管理機構　委託出版物＞

子どもに教えるためのプログラミング入門
― Excel ではじめる Visual Basic ―

平成 28 年 11 月 25 日　第 1 版第 1 刷発行

著　者　田中一成
発行者　村上和夫
発行所　株式会社オーム社
　　　　郵便番号　101-8460
　　　　東京都千代田区神田錦町 3-1
　　　　電　話　03(3233)0641(代表)
　　　　URL　http://www.ohmsha.co.jp/

© 田中一成 2016

組版　チューリング　印刷・製本　三美印刷
ISBN978-4-274-21985-6　Printed in Japan

オーム社の マンガでわかる シリーズ

マンガでわかる 統計学
- 高橋　信 著
- トレンド・プロ　マンガ制作
- B5変判／224頁
- 定価：2,000円＋税

マンガでわかる
統計学[回帰分析編]
- 高橋　信 著
- 井上 いろは 作画
- トレンド・プロ 制作
- B5変判／224頁
- 定価：2,200円＋税

「マンガでわかる」シリーズもよろしく！

マンガでわかる
統計学[因子分析編]
- 高橋　信 著
- 井上いろは 作画
- トレンド・プロ 制作
- B5変判／248頁
- 定価　2,200円＋税

ホームページ　http://www.ohmsha.co.jp/　　TEL／FAX　TEL.03-3233-0643　FAX.03-3233-3440